U0736801

室内软装设计

色彩搭配宝典

重庆大写艺设计教育

王东 × 唐太鲜 × 王婧怡

编著

人民邮电出版社

北京

图书在版编目（CIP）数据

室内软装设计色彩搭配宝典 / 重庆大写艺设计教育
等编著. -- 北京 ：人民邮电出版社，2020.8
ISBN 978-7-115-54083-6

Ⅰ．①室… Ⅱ．①重… Ⅲ．①室内色彩－室内装饰设
计 Ⅳ．①TU238.23

中国版本图书馆CIP数据核字(2020)第087946号

内 容 提 要

本书内容涵盖了色彩基础理论、软装色彩搭配、软装方案色彩调整、不同软装风格的色彩搭配方法、不同空间的色彩搭配方法、各软装元素的色彩分析与搭配方法，以及软装色彩搭配的灵感提取与运用等知识。

本书除了对软装配色理论和方法进行讲解以外，还有具体的案例分析，如配色分析、调整思路，同一户型的不同配色方案。书中案例都有具体的色值参考，以及相关的色彩搭配方面的细节知识。

本书适合软装设计师、室内设计师、卖场工作人员以及从事色彩搭配工作的人员阅读和使用，也可以作为大中专院校和培训机构的教学用书。

◆ 编　著　重庆大写艺设计教育　王东　唐太鲜　王婧怡
　 责任编辑　李　东
　 责任印制　马振武

◆ 人民邮电出版社出版发行　　北京市丰台区成寿寺路 11 号
　 邮编　100164　电子邮件　315@ptpress.com.cn
　 网址　https://www.ptpress.com.cn
　 天津市豪迈印务有限公司印刷

◆ 开本：787×1092　1/16
　 印张：14.5
　 字数：393 千字　　　　　　　　2020 年 8 月第 1 版
　 印数：1 – 2 000 册　　　　　　2020 年 8 月天津第 1 次印刷

定价：98.00 元

前言

　　绘画色彩理论和设计色彩理论在广义上是相通的，但软装设计所涉及的产品与元素众多，具体如何将色彩搭配理论与软装产品结合，还需要进一步转化。很多设计师掌握了基础的色彩搭配理论，但具体涉及软装色彩搭配时却不知如何下手。本书首先帮助读者建立色彩理论框架，然后对于色彩在软装方案、室内空间中如何具体应用进行了详尽的阐述。

　　色彩是一种物理现象，更是美的载体。人对于色彩的认识不局限于物理范畴，不同的人对色彩的感受有着较大的差别。本书兼顾色彩美学的共性与个性，不但介绍色彩搭配的普遍规律，还对不同民族、不同地域、不同性别乃至不同年龄阶段的人对色彩的偏好进行了说明，帮助读者建立起对软装色彩搭配的复杂性、可变性的快速适应能力。

　　本书内容涵盖色彩基础理论、软装色彩搭配、软装方案色彩调整、不同软装风格的色彩搭配方法、不同空间的色彩搭配方法、各软装元素的色彩分析与搭配方法以及软装色彩搭配的灵感启示等。

　　全书通过大量的色块组合辅助说明色彩搭配的方法，同时通过软装案例进一步加以说明，便于读者在理解色彩搭配理论的同时掌握色彩搭配在软装中的具体应用技巧。本书的色块根据所说明问题的不同分为以下 3 种形式。

　　色块 只是用于理解色彩的倾向与组合，不标明 CMYK 值。

　　色块 +CMYK 值 在色块中标明 CMYK 值，读者可以通过 CMYK 值在计算机中精确地还原该色彩。

　　色块组合 通过色块组合展示具体效果，并在色块组合下方标明。

同等纯度下暖色具有扩张性　　冷色具有收缩性

　　特别感谢杨皎在本书编写过程中提供的文字校对帮助。

重庆大写艺设计学校创始人　王东

2018 年 7 月于重庆

目录 CONTENTS

第7章
软装色彩搭配的灵感来源 207

色彩索引

为了方便读者查阅一些主色的搭配案例,可以通过以下色块找到相应的页码。

中国红 C18 M97 Y91 K0 p.27	粉绛 C4 M31 Y24 K0 p.29	茜色 C5 M86 Y14 K0 p.29	酒红 C23 M100 Y98 K0 p.30
缃色 C0 M15 Y100 K0 p.31	黛蓝 C71 M58 Y53 K8 p.32	深海蓝 C85 M59 Y33 K2 p.33	碧蓝 C64 M0 Y5 K0 p.34
青蓝 C64 M12 Y22 K0 p.34	深蓝 C91 M43 Y43 K8 p.41	松石绿 C71 M35 Y58 K2 p.42	深檀色 C53 M63 Y71 K8 p.42
火焰红 C5 M95 Y96 K0 p.43	高级灰 C72 M60 Y60 K17 p.44	松绿 C76 M27 Y53 K0 p.45	浅海蓝 C89 M37 Y1 K0 p.47
暗苔绿 C76 M52 Y92 K0 p.48	菲红 C9 M96 Y94 K0 p.48	水曲柳木色 C68 M74 Y86 K26 p.51	巧克力色 C45 M78 Y93 K4 p.52
勃艮第酒红 C49 M98 Y89 K8 p.54	浅水蓝 C39 M24 Y31 K0 p.55	棕色 C16 M85 Y93 K0 p.56	浅酒红 C33 M80 Y73 K0 p.60
雪灰 C12 M11 Y12 K0 p.61	雪蓝 C47 M35 Y31 K1 p.63	牡丹红 C8 M87 Y89 K0 p.72	杏黄 C7 M53 Y87 K0 p.73
绅士灰 C84 M72 Y73 K85 p.74	玫红 C5 M93 Y28 K0 p.75	腊白 C13 M10 Y11 K0 p.78	果肉粉 C4 M16 Y13 K0 p.79
秋香黄 C5 M30 Y95 K0 p.80	洛可可粉 C11 M31 Y20 K0 p.84	哈利金粉 C9 M18 Y64 K0 p.85	深咖色 C61 M71 Y99 K17 p.85
银杏黄 C1 M39 Y85 K0 p.87	碧蓝 C81 M38 Y57 K17 p.88	苍灰 C69 M53 Y42 K16 p.89	雪白 C10 M6 Y6 K0 p.90

咖色 C15 M53 Y76 K0 p.91	米色 C4 M9 Y24 K0 p.91	雪青紫 C44 M49 Y36 K1 p.94	原木色 C6 M18 Y35 K0 p.95
深荷绿 C75 M50 Y93 K18 p.97	米白 C8 M8 Y14 K0 p.98	桃红 C17 M81 Y3 K0 p.99	湖蓝 C55 M3 Y16 K0 p.100
丹砂红 C1 M100 Y95 K0 p.101	驼红 C14 M88 Y89 K0 p.104	青花蓝 C83 M67 Y28 K0 p.104	胭脂红 C23 M99 Y96 K0 p.106
帝王黄 C9 M21 Y96 K0 p.107	水墨灰 C22 M17 Y12 K0 p.108	香蕉黄 C5 M7 Y94 K0 p.109	深翡翠 C82 M47 Y89 K11 p.110
深宝石绿 C76 M31 Y78 K1 p.116	拜占庭红 C9 M95 Y62 K0 p.117	琥珀黄 C4 M22 Y87 K0 p.120	孔雀蓝 C82 M24 Y38 K0 p.120
栗色 C44 M87 Y97 K5 p.122	松柏绿 C54 M0 Y54 K28 p.123	竹木色 C15 M40 Y84 K0 p.125	热带雨林绿 C93 M60 Y89 K45 p.128
青莲 C99 M91 Y0 K0 p.130	浅灰蓝 C22 M12 Y7 K0 p.131	嫣红粉 C6 M43 Y34 K0 p.132	果灰蓝 C29 M9 Y11 K0 p.137
椰褐色 C67 M79 Y91 K29 p.138	纯青 C100 M0 Y0 K0 p.141	黑色 C81 M73 Y78 K65 p.151	锈色 C67 M87 Y91 K32 p.157
靛青 C77 M44 Y12 K0 p.163	黄铜色 C26 M36 Y56 K0 p.171	深苍翠绿 C84 M47 Y81 K8 p.179	鹅黄 C7 M26 Y96 K0 p.180
砖红 C27 M69 Y86 K0 p.184	毛月蓝 C82 M60 Y18 K0 p.185	浅豆沙 C42 M63 Y69 K2 p.186	榆木 C49 M74 Y96 K0 p.196
艳粉 C0 M100 Y60 K10 p.200	毛竹 C14 M35 Y62 K0 p.201	浅碧色 C37 M0 Y11 K0 p.211	时尚红 C99 M95 Y11 K0 p.213
萨克斯蓝 C62 M36 Y11 K0 p.214	宝石绿 C68 M19 Y73 K0 p.216	水泥灰 C14 M12 Y15 K0 p.218	旧木色 C20 M57 Y96 K0 p.219

第1章

软装配色基础知识

在软装搭配中，最重要的是色、形、质的和谐统一，其中色彩是首要因素。笔者曾以软装为题材作过一首七言律诗《软装》：软装色彩必先行，家具灯光空间影，布艺窗帘勿抢镜，画花摆件互倾听。这首七言律诗表达了笔者对于软装色彩的重视。

1.1 认识色彩

1.1.1 色彩的形成

科学实验证明，色彩是由光产生的。光是以电磁波的形式存在的。在电磁波谱中，波长在 400~760nm 范围内的这段波谱能够被人眼感知，我们称之为可见光。

用三棱镜将太阳光分离成色彩的光谱，即一条连续的标准色带，有红、橙、黄、绿、青、蓝、紫七色。波长在 10~400nm 范围内的光被称为紫外线，波长在 760nm~1mm 范围内的光被称为红外线。

不同波长的光产生不同的色彩感觉。一切色彩都是因光而产生。光照射到物体上，一部分光线被物体吸收，一部分光线被物体反射或透射，不同物体对不同颜色的光反射、吸收和透过的情况不同，因此呈现出不同的色彩。

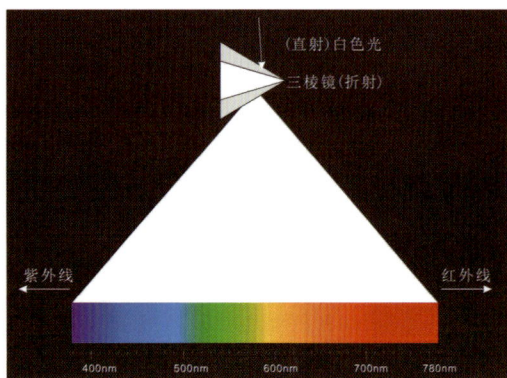

1.1.2 色光三原色与颜料三原色

1. 色光三原色

色光三原色为红、绿、蓝，常用 R、G、B 表示，也被称为加法三原色。这 3 种色光无法被分解，故称为"三原色光"，对这 3 种颜色进行不同的组合，几乎能形成所有的颜色。这 3 种颜色两两混合可以得到更亮的中间色：黄色、青色、品红。红、绿、蓝 3 种颜色等量组合可以得到白色。

2. 颜料三原色

颜料三原色为青、品红、黄，常用 C、M、Y 表示，也被称为减法三原色。在绘画时需要用颜料调色，颜料是吸收光线的，不是将光线叠加，因此颜料三原色就是能够吸收红、绿、蓝 3 种色光的颜色，为青、品红、黄，也就是色光三原色的补色。例如，把黄色颜料和品红色颜料混合起来，因为黄色颜料吸收蓝光，品红色颜料吸收绿光，因此只有红色光反射出来，这就是黄色颜料加上品红色颜料形成红色的道理。

需要补充的是，理论上颜料三原色等量相加会成为黑色，但实际上是深灰色，因此需要独立的黑色颜料。颜料三原色加上黑色（K）便是 CMYK 色彩空间。

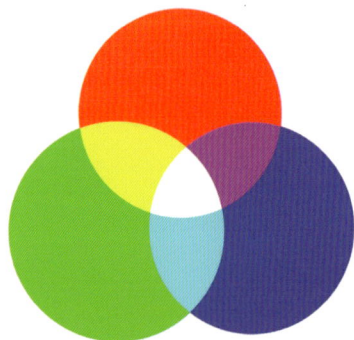

色光三原色

颜料三原色

1.1.3 色彩的混合

1. 二次色（间色）混合

二次色即"间色"，是由颜料三原色中任意两种原色调配成的色相。两种原色按不同比例混合可调配出多种二次色。例如，品红和黄色合成红色；黄色和青色合成绿色；青色与品红合成蓝色等。

M（品红）+Y（黄色）=R（红色）

Y（黄色）+ C（青色）= G（绿色）

C（青色）+ M（品红）= B（蓝色）

| 品红 | + | 黄色 | = | 红色 |

| 黄色 | + | 青色 | = | 绿色 | 青色 | + | 品红 | = | 蓝色 |

2. 三次色（复色）混合

三次色即"复色"，是由三种原色调配成的色相，三原色按不同比例可混合出多种复色。

如果要改变一种颜色的色彩倾向，只需要加所倾向的颜色即可。例如，当酒绿色（包含青色和黄色）中混入橘红色（包含红色和黄色），因为两种颜色中都含有黄色成分，所以得到的橄榄色中 Y 值仍然为100，而 C、M 值变成酒绿色（C40 M0 Y100 K0）与橘红色（C0 M60 Y100 K0）的中间值，即变成CMY 三色混合的复色。

酒绿		橘红		橄榄色
C40 M0 Y100 K0	+	C0 M60 Y100 K0	=	C25 M25 Y100 K0

3. 继时混色法

继时混色是指将两种及两种以上色彩连续交替出现，由人的视觉神经混合成为一种新的颜色。左图所示为色彩旋转圆盘,当该圆盘高速旋转时，眼睛看到该圆盘的色彩变成右图所示的颜色。

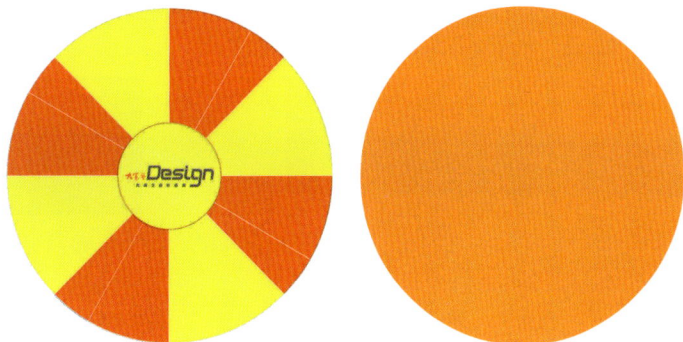

继时混色法

4. 并置混色法

将两种或两种以上的颜色并置在一起，当人眼与被观看的色彩之间的距离超过人眼视网膜"分辨率"时，视神经自动将两种或两种以上的色彩进行混合，从而产生新的色彩。

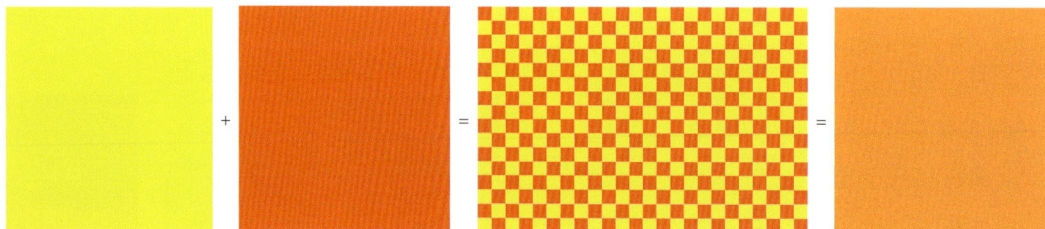

色彩并置混合

5. 色彩加深与变浅的方法

当需要把某个颜色加深，可以通过加入黑色的方法实现；当需要把某个颜色变浅，可以通过减少黑色的方法实现（手工调色时需要加白色）。

通过上图可以看出，一种颜色要加深，其 CMYK 值中只有 K 的数值在变；而当一个 K 值为 0 的色彩要变浅时，其 CMY 值等比例减少即可。

1.2 色彩的三要素

色彩的三要素是指每一种色彩都同时具有的三种基本属性，即色相、明度和纯度。

1.2.1 色相

1. 色相的概念

色相是色彩的首要特征，是区别各种不同色彩的标准。色彩分为有彩色与无彩色两大类（有的文献称为有性色与无性色）。无彩色是指黑、白、灰；有彩色则都有色相的属性，自然界中色相是无限丰富的，如紫红、银灰、橙黄等。色相即各类色彩的相貌称谓。

2. 色相的冷暖

色彩学根据人的心理感受，把颜色分为暖色调（红、橙、黄）、冷色调（青、蓝）和中性色调（紫、绿、黑、灰、白）三大类。在软装设计中，暖色调给人亲密、温暖之感，冷色调给人距离、凉爽之感。

| 中性色系 | 冷色系 | 中性色系 | 暖色系 |

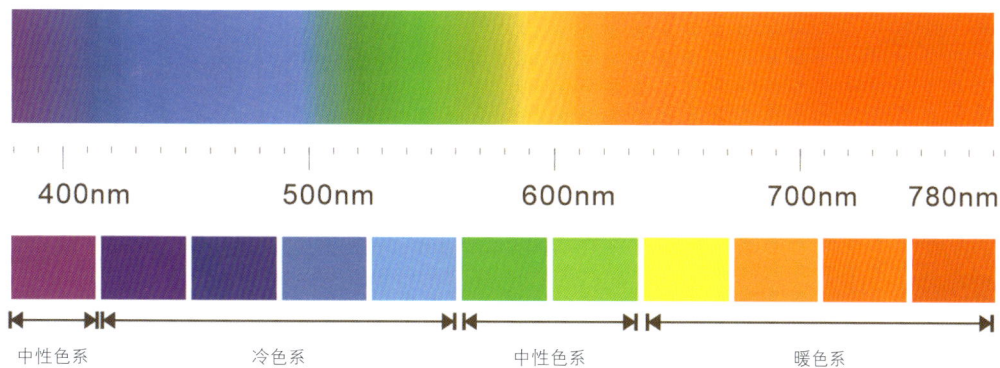

3. 色相的识别性

可见光的电磁波长从红色光的 760nm 到紫色光的 400nm 逐渐由长变短，其色相的识别性也逐渐降低。因为波长越长，其视觉穿透效果就越强，识别性也越高，所以警示性的标识多用红色。

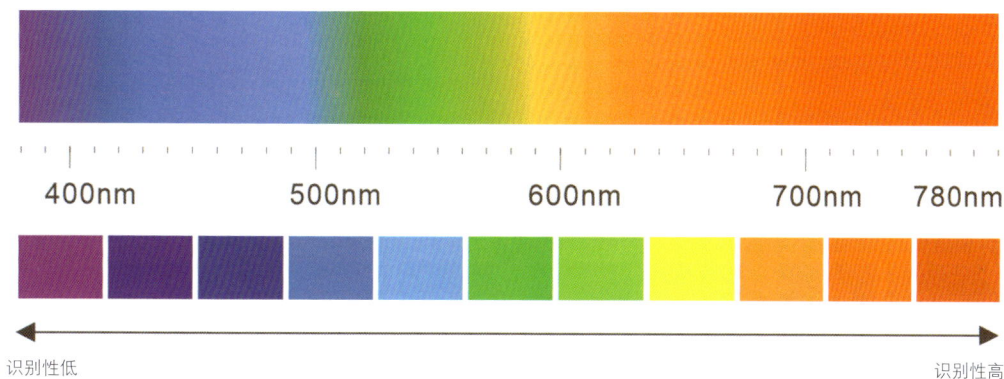

识别性低   识别性高

在下图中，红色抱枕的识别性明显高于蓝紫色抱枕，从而左边的配色显得安静，右边的配色显得活跃。

波长短的色彩搭配显安静（有收缩感）　　　　　　　波长长的色彩搭配显活跃（有扩张感）

4. 背景对色相的影响

通过右图可以发现，橙色在红色背景与紫色背景下，色相发生了微妙的变化，处在紫色背景下的橙色偏红，处在红色背景下的橙色偏黄。

红色背景下的橙色偏黄　　　紫色背景下的橙色偏红

1.2.2 明度

1. 明度的概念

明度是指色彩的明暗程度，下图为红色的明度变化。

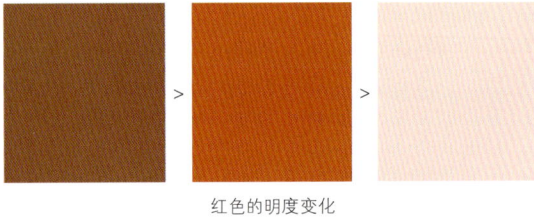

红色的明度变化

2. 24 色相环色彩明度对比

通过右图对比可以看到，24 色相环上明度最高的是黄色，明度最低的是蓝色，两者在色相环上呈 180° 的位置关系。

24 色相环各色相的明度

3. 不同明度的背景对色彩的影响

通过下图可以发现，同一色相在低明度背景下色彩显得更干净，相同明度的灰色在浅色背景下感觉比在深色背景下明度低。

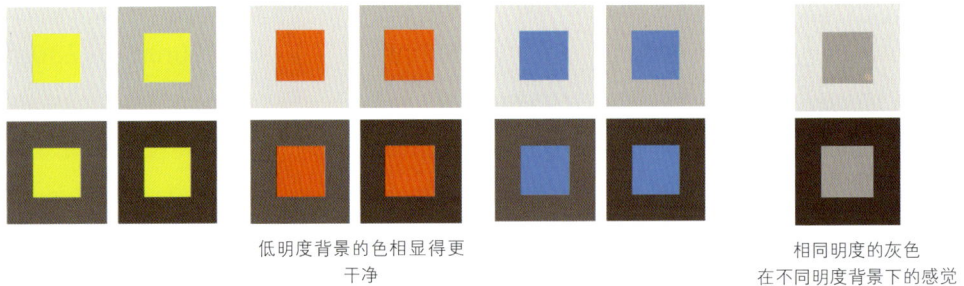

低明度背景的色相显得更干净

相同明度的灰色在不同明度背景下的感觉

4. 不同明度的色彩对背景的影响

在相同色彩的背景中放上黑、白、灰的无彩色，我们发现放有白色的背景色感觉更鲜明（纯度更高）。

白色使背景变得更耀眼

在不同的色彩中放入不同明度的颜色，背景色会得到不同的效果，这是为什么呢？如下图所示，当把 A、B 两组颜色都去色后，我们发现 A 组的情况是白色与背景色的对比更强烈，而 B 组的情况是黑色与背景色的对比更强烈。由此可以得出：明度对比越强，色彩效果就越鲜明。

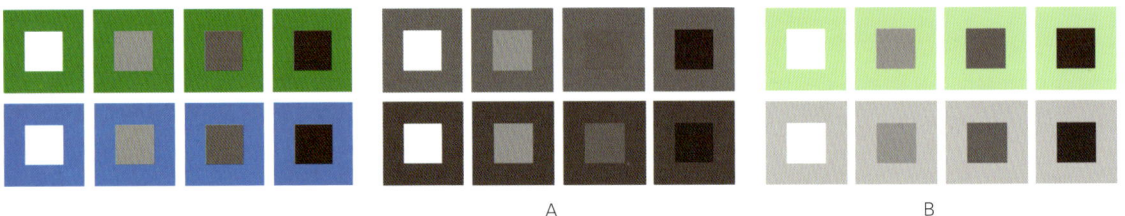

A   B

1.2.3 纯度

1. 纯度的概念

纯度通常是指色彩的鲜艳度，纯度最高的色彩就是原色，当原色中加入黑色或白色时色彩的纯度就会降低，随之色彩也会变暗或变亮。当色彩纯度降到最低时，色彩就会失去色相，变为无彩色，也就是黑色、白色或者灰色。下图所示为蓝色的明度与纯度变化的对比。

2. 通过色盲卡理解纯度

下图中两种颜色的色相虽然不同，但明度完全相同。色盲卡就是采用同一明度的色彩来做图案拼接，因为有色觉障碍的人士只能辨别色彩的明度，而无法辨别色彩的色相与纯度。

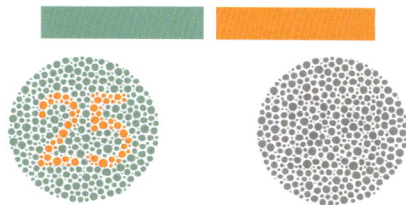

有色相变化的色盲测试卡　　用 Photoshop 去色之后的色盲卡

3. 不同纯度背景对色彩的影响

同一色相的颜色处在两个不同纯度颜色的背景中时，处于低纯度背景中的色彩往往会更突出，色彩的纯度更高。

1.3 色立体

色立体能够帮助我们理解色彩。孟塞尔色立体是由美国教育家、色彩学家、美术家孟塞尔创立的色彩表示法，是根据颜色的视觉特点制定的颜色分类和标定系统。它用一个类似球体的模型，把物体各种表面色的三种基本属性——色相、明度、纯度全部表示出来。

孟塞尔颜色立体模型的水平剖面共有 10 种色调，包括 5 种主要色调红（R）、黄（Y）、绿（G）、蓝（B）、紫（P）和 5 种中间色调黄红（YR）、绿黄（GY）、蓝绿（BG）、紫蓝（PB）、红紫（RP）。孟塞尔色立体中央轴上的彩度为 0，由中央向外延伸，彩度数值逐渐变大。

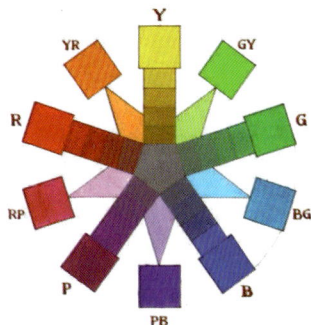

孟塞尔颜色立体模型

孟塞尔颜色立体模型水平剖面

中央轴代表无彩色，即纯度为 0，中央轴从底部到顶部由黑色到白色共分成 11 个灰度等级，称为孟塞尔明度值，某一颜色与中央轴的水平距离代表纯度。

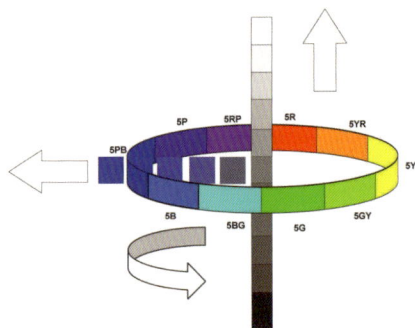

1.4 色相环中的奥秘

色相环对于认知和理解色彩非常重要。色相环是以圆形排列的色相光谱，色彩是按照光谱的顺序来排列的。暖色位于包含红色和黄色的半圆之内，冷色则包含在绿色和紫色的半圆内。最基础的色相环为 6 色相环，6 色相环由三原色及其调出的间色组成，它能反映出最基础的色彩序列。

特别说明：本书的色相环可能与读者之前了解的色相环有一些区别，因为很多讲色彩的书籍是基于绘画类色彩理论的书籍，绘画类色彩理论认为三原色为红、黄、蓝，而实际上红是由品红与黄色调配出来的，蓝是由青色与品红调配出来的。目前基于计算机的数字色彩制作的色相环采用 CMYK 模式时与印刷色彩的调色方法是完全一致的，本书使用的色相环都是基于数字色彩的色相环。

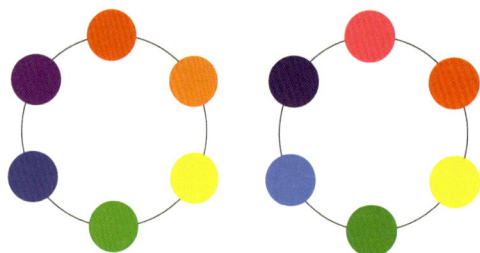

颜料三原色 6 色相环　　印刷色 6 色相环（数字色彩色相环）　　颜料三原色 12 色相环　　印刷色 12 色相环（数字色彩色相环）

12 色相环是原色、间色（二次色）和三次色组合而成。色相环中的三原色是洋红、黄色、青色，它们在色相环中形成一个等边三角形。

二次色是红色（带橙色倾向）、蓝色、绿色，处在三原色之间，形成另一个等边三角形。

井然有序的色相环让使用的人能清楚地看出色彩平衡与调和后的结果。

奥斯特瓦尔德颜色系统的基本色相为黄、橙、红、紫、蓝、蓝绿、绿、黄绿 8 个，每个基本色相又分为 3 个部分，组成 24 个色相的色相环，这就是 24 色相环。

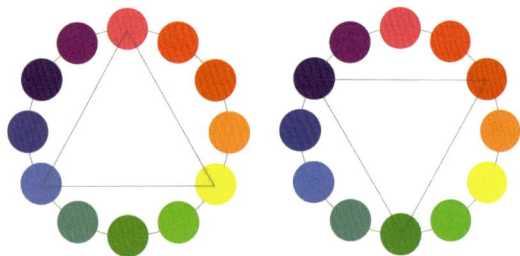

24 色相环

同类色

同类色指色相性质相同的颜色，色相环中在30°夹角内的颜色为同类色。同类色中色彩的色相变化很微弱，但可以有不同的明度与纯度的变化。

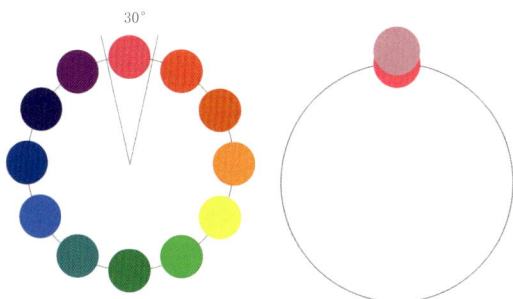

邻近色

色相环中相距60°的颜色为邻近色。邻近色的色相彼此相近，冷暖性质一致，色调统一和谐，感情特性一致。

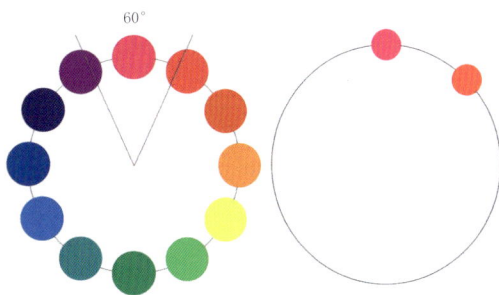

中差色

色相环中相距90°的颜色为中差色关系，它介于邻近色和对比色之间，因为色相对比明确，所以色彩对比效果也较为明显。

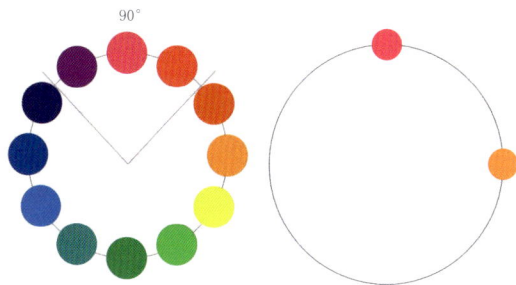

对比色

色相环中相距120°的颜色为对比色关系，它介于中差色和互补色之间，含有一定补色的成分，色彩对比强烈。

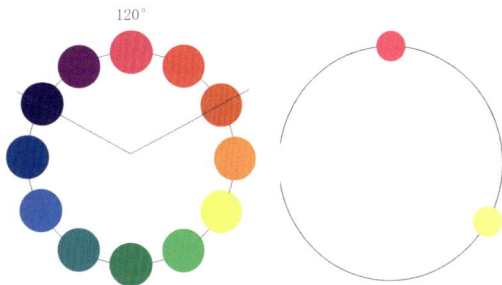

互补色

色相环中相距180°的颜色为互补色关系，互补色彩对比是所有色相对比中最强烈的。

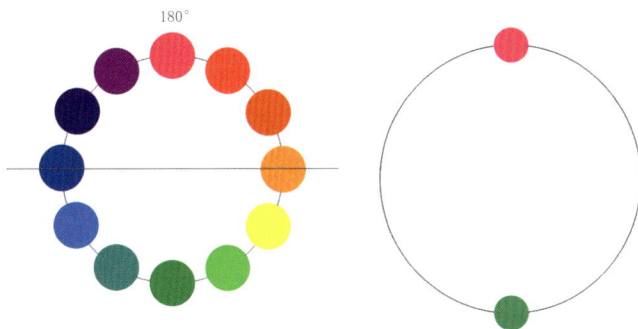

1.5 色调

色调是指色彩的某种倾向。例如，在暖色光线照射下，物体就会统一在暖色调中，整个画面呈现暖色；在冷色光线照射下，物体又会统一在冷色调中，整个画面呈现冷色。另外，春天漫山遍野嫩绿，秋天迷人的金黄色都是色调的概念。

色调是影响配色的关键因素，在配色时如果画面出现"花""乱""脏"等现象，大多是色调没有把握好所致。要把握好色调，必须了解色彩三要素（明度、纯度、色相）的协调关系。

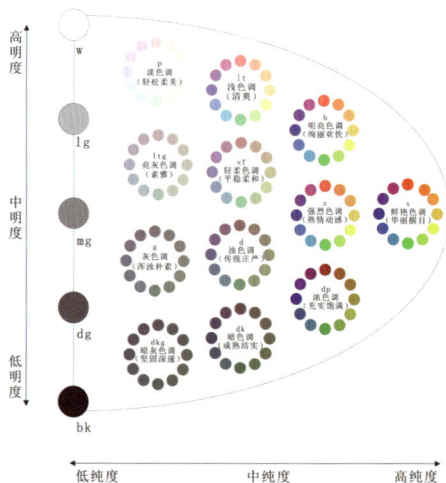

1.5.1 色调区分

1. 清色系

靠近明暗中轴线上方的色组，是高明度的清色系，即 p 色组和 lt 色组，此色调含白色成分较多，以高明度、中纯度的色彩为主。清色系色彩具有明亮、柔和、甜美的感觉，比较适合于表达女生活动为主的空间。

清色系色彩含白色成分较多，色感变弱，适合表达轻柔的感觉。

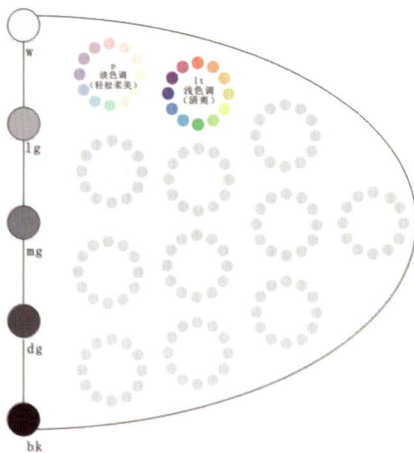

2. 明色系

靠近明暗中轴线上方并靠近高纯度的色组是 b 色组，以高明度、较高纯度的色彩为主。明色系色彩具有清爽、纯净、朴实、天真、快乐的感觉，比较适合于表达舒适的空间。

明色系既有较高的纯度，同时又加入一定的白色，具有较高的明度，比较容易搭配出平和、舒适、清爽的效果。

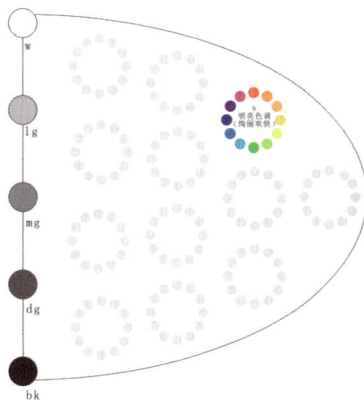

3. 柔色系

处于明度中轴线以上，纯度居中的色彩，是 sf 色组，属于高明度、中纯度色彩。这部分的色彩具有朦胧、温柔、甘甜、高雅、舒畅的感觉。

柔色系适合表现雅致、温和的室内空间。

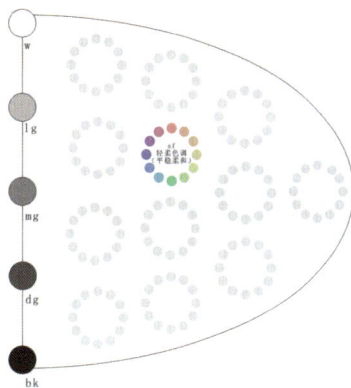

4. 纯色系

远离中轴线的 v 色组和 s 色组是纯色系，纯色系的色彩纯度高，所表达的空间更容易获得华丽的感觉，也称为华丽色调。纯色系的色彩鲜明、时尚、活泼，适合于商业空间、儿童游乐空间等。

纯色系由纯净的原色或间色（二次色）构成，没有掺杂黑、白、灰无性色，色彩显得锐利、强烈。

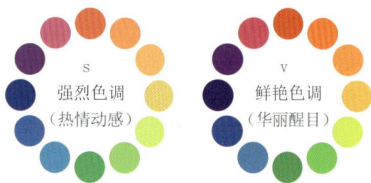

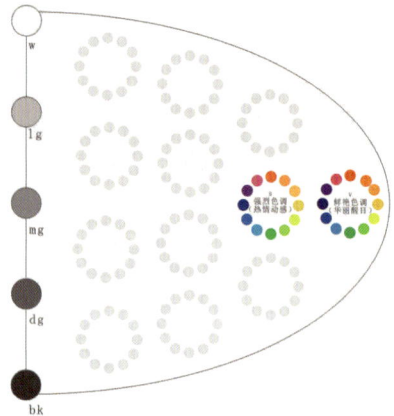

5. 浊色系

靠近明暗中轴线的 ltg 色组、g 色组、d 色组是中低纯度和中低明度的浊色系色调。浊色系的色彩感觉单纯、朴素，在室内空间中所占面积比较大的家具、布艺等用此色系的比较多。

浊色系色调适合表现稳重、成熟、优雅、高档、古朴的室内空间。

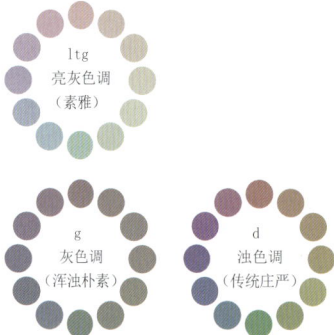

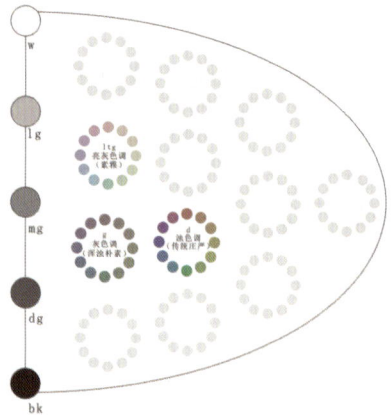

6. 暗色系

　　中轴线下方的 dkg 色组、dk 色组、dp 色组是低明度和低纯度的暗色系色调。暗色系色彩具有厚重、温暖、高品质的感觉，大多用于表现稳重、有品质、有内涵的室内空间。

　　暗色系适合表现古朴、高级、沉稳、传统、古典的室内空间。

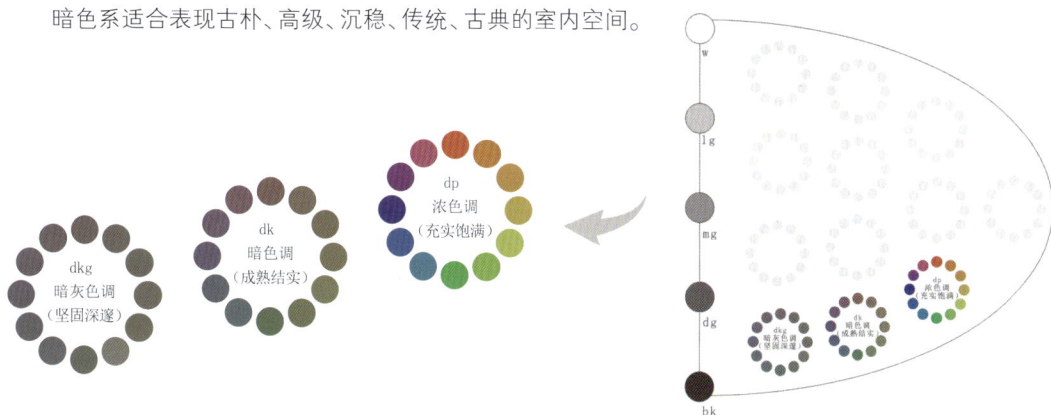

1.5.2 以明度对比组成的色调

　　色调在明度上可以划分为低明度、中明度、高明度。

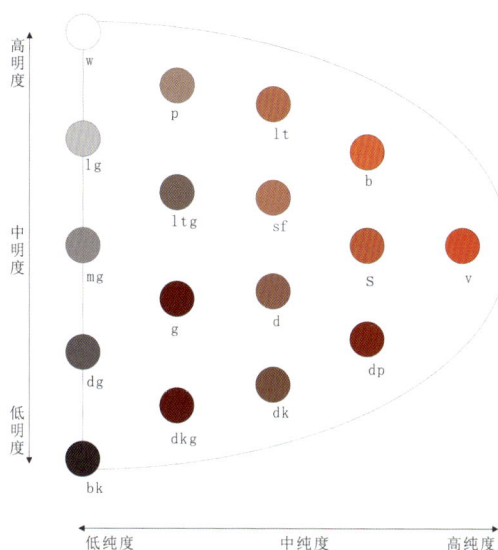

1. 低明度

低明度又可以分为：低长调、低中调、低短调。

低长调：大部分的色彩为低明度区域的色彩，只有小部分色彩为高明度色彩，这样的调子整体比较沉稳，但对比强烈，有醒目、生硬、明晰、简单化等感觉。

低中调：大部分的色彩为低明度区域的色彩，只有一部分色彩为中明度色彩，这样的调子感觉稳重，有一定的明度对比，比较适合于年长者的居住空间。

低短调：色彩为低明度区域的色彩，明度对比弱，这样的调子感觉稳重，适合表现有品质感的空间，在商业空间中应用得比较多，在居室中可以局部使用。如果对低短调把握不好，空间往往会显得沉闷。

2. 中明度

中明度又可以分为：中长调、中中调、中短调。

中长调：大部分的色彩为中明度区域的色彩，只有小部分色彩为高明度与低明度色彩，这样的调子整体比较沉稳，但对比强烈，适合表现比较男性化的空间。

中中调：大部分的色彩为中明度区域的色彩，色彩明度之间形成中对比，这样的色彩对比有含蓄、丰富的感觉，适合表现素雅的空间。

中短调：色彩为中明度区域的色彩，色彩明度之间形成弱对比，这样的色彩对比感觉平静，适合表现简洁素雅的空间。

3. 高明度

高明度又可以分为：高长调、高中调、高短调。

高长调：大部分的色彩为高明度区域的色彩，色彩明度之间对比强烈，这样的色彩对比感觉是积极的，有一定的刺激感。

高中调：大部分的色彩为高明度区域的色彩，部分色彩为中明度色彩，这样的色彩对比感觉是轻柔的。

高短调：色彩为高明度区域的色彩，色彩对比较弱，显得优雅、柔和，有一种女性化的、朦胧的感觉。

1.5.3 以纯度对比组成的色调

低纯度色彩：因为包含的有彩色成分比较少，更接近于无彩色（黑色、白色、灰色），所以更适合表现素静、平淡、柔和的空间。

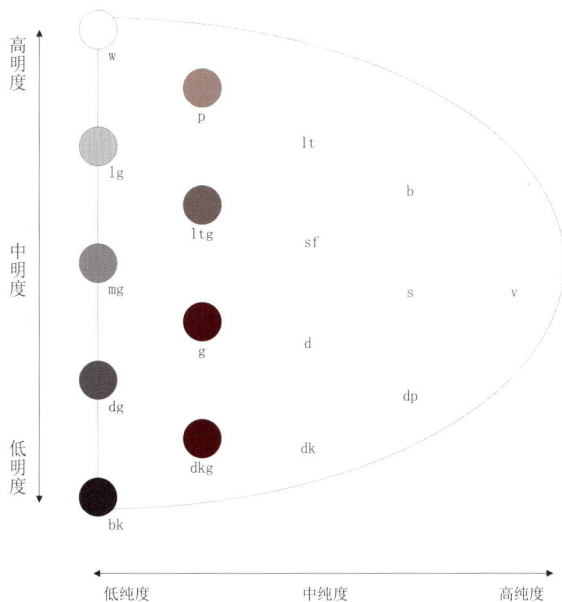

中纯度色彩：处在无彩色与有彩色中间的区域。因为中纯度的色彩平和，既有一定的色彩感，又不显得过于刺激，所以中纯度的色彩在室内空间中往往是用得最多的色彩。

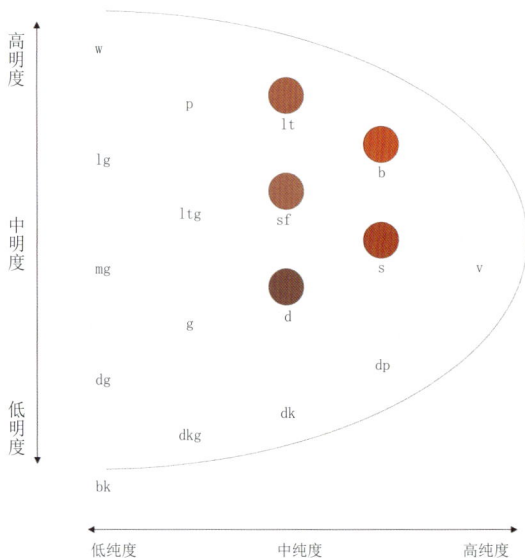

高纯度色彩：即 6 色相环中的三原色与间色。高纯度的色彩不掺杂任何无彩色（黑、白、灰）成分，色彩鲜艳而浓烈。高纯度的色彩显得年轻时尚，在室内空间中越来越被年轻人所接受与喜爱。但高纯度的色彩比较难驾驭，所以大多数设计师为了"安全"起见，只将高纯度的色彩用于室内空间的局部。

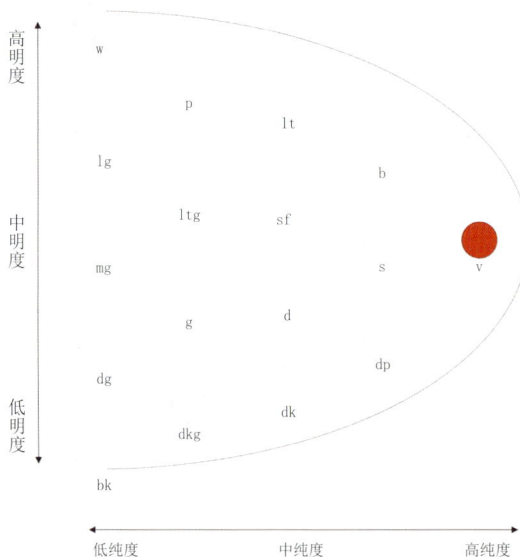

第2章

软装色彩搭配基本方法

色彩搭配不是将喜欢的色彩并置在空间中就能和谐。在软装搭配中，如何将色彩有序地统一在室内空间中，是每个软装搭配师首先需要思考的问题。在室内软装搭配中可以有无穷多的思路与方法，但无论多么丰富与多变的搭配手法，都离不开基本的色彩搭配思路。学习并掌握好基本的色彩搭配技巧，在此基础上再加入自己的思考，相信不久的将来你也能成为色彩搭配高手。

2.1 三原色的基本搭配方法

因为三原色的纯度最高，所以在室内软装设计中很少大面积使用，主要应用在花艺、局部家具、挂画、摆件等面积较小的软装产品中。高纯度的三原色可以打破空间的单调感。在室内空间中，墙面等大面积区域一般会选用米黄色、米白色等低纯度色彩。如果软装产品与背景墙面的色彩相同，则该产品无法显现出来，空间也会显得过于沉闷；如果软装产品色彩面积过大，则空间会显得过于"刺眼"，使处于该空间的人无法安静下来。比较和谐的搭配方法是：大面积的无性色 + 小面积的高纯度色彩。

⊗	⊗	✓
产品面积太小、纯度太低	产品面积过大	小面积高纯度的产品搭配比较和谐

三原色传递的是积极、健康的色彩感觉，容易获得华丽的色彩感受。在使用三原色搭配时，要注意色彩的面积对比关系，特别是有两个或三个原色同时出现时，需要有一个色彩作为支配色，让这个色彩的面积占整个画面的 50% 以上。

下图以红色作为支配色，红色面积占 50% 以上。当只有单一的原色出现时，为了避免过于单调，通常会在色彩明度上做较大的对比处理。

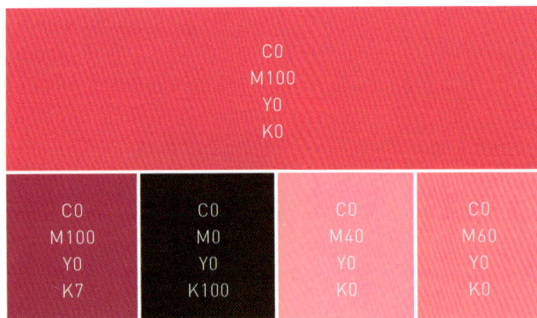

下图以黄色作为支配色，黄色面积占 50% 以上。当红、黄、蓝三色同时在画面中出现时，色彩的对比更为强烈，有华丽之感。

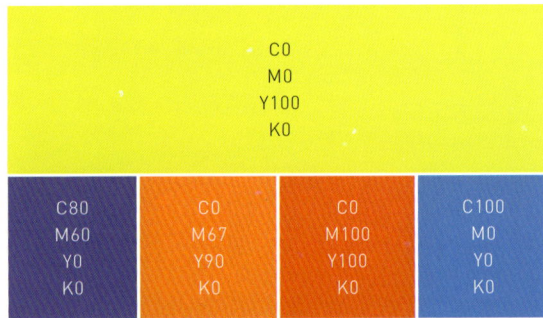

右图以青色作为支配色，青色面积占 50% 以上。以黄、蓝组成的色彩搭配，有安静之感。

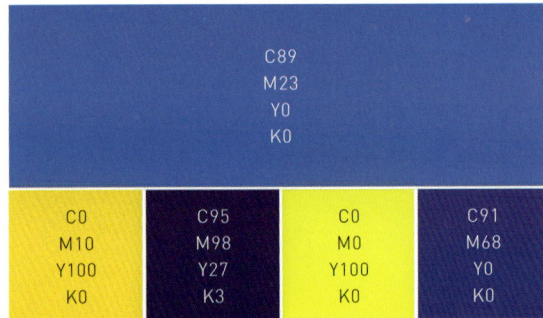

2.1.1 红色的基本搭配方法

红光的波长最长,红色是最引人注目的色彩,具有强烈的感染力,它是火和血的颜色。红色一方面象征热情、喜庆、幸福,另一方面又象征警觉、危险。红色色感刺激、强烈,在色彩搭配中常起到重要的调和对比作用,是使用得最多的颜色之一。

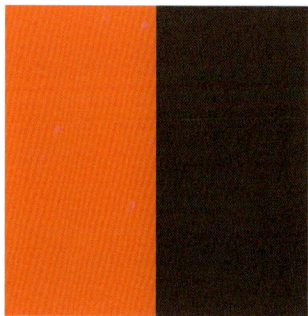

红色与黑色是最经典的搭配,显得庄重、热烈

红色与白色搭配可以将红色柔化

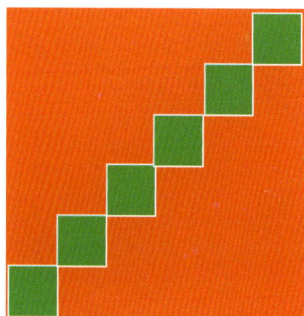

红色与绿色搭配可以得到激烈对撞的视觉效果

1. 无性色与红色搭配

下图所示的室内空间采用了红色与黑色组合的经典搭配。红色在空间中异常夺目,而黑色又可以使空间安静下来。需要注意的是,除了黑色,白色、灰色、金色、银色都是空间的协调色,沙发底部的金色、茶几的黑色桌面与白色收边以及灰白色的地砖将空间分割之后,空间就变得非常和谐。

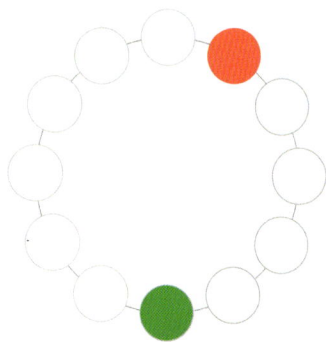

C18 M97 Y91 K0	中国红
C0 M0 Y0 K100	黑色
C4 M3 Y4 K0	月白
C65 M17 Y49 K0	橄榄绿
C10 M19 Y28 K0	高级灰

下图中红色的玄关柜与装饰画和花艺形成呼应，同时装饰画的金色边框、装饰画中的黑色、装饰摆件底座的黑色以及柜体做旧所显示出来的黑色，对红色又起到了很好的协调作用。

下图中茶几与摆件的金色（黄色）、沙发腿与摆件的黑色、茶几与抱枕的白色，对红色进行分割后，能起到很好的协调作用，形成韵律和美感，使整体搭配和谐、统一。

C6 M97 Y91 K0	C83 M73 Y74 K85	C0 M0 Y0 K0	C0 M0 Y100 K0	C35 M25 Y20 K0

2. 不同明度的红色搭配

将单一的色彩采用渐变的手法布置在空间中，可以使空间对比变得很温柔。在右图中将红色分布在抱枕、地毯、摆件中，形成深浅变化的层次，这样使空间色彩的烈度得以降低，从而使色彩变得柔和。

C15 M85 Y85 K0	绯红
C0 M0 Y0 K100	黑色
C4 M31 Y24 K0	粉绛
C65 M17 Y49 K0	松石绿
C10 M19 Y28 K0	藕粉

下图中的红色通过不同的产品形成由深到浅的明度与纯度的渐变，产生很强的秩序感。

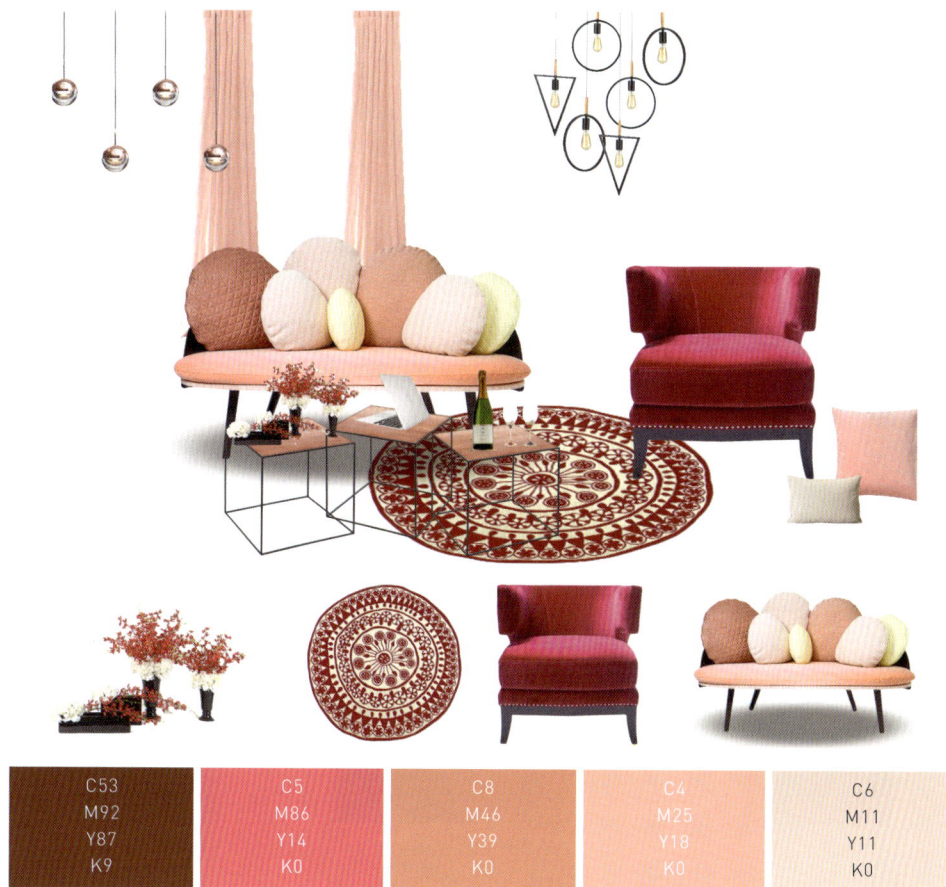

C53 M92 Y87 K9	C5 M86 Y14 K0	C8 M46 Y39 K0	C4 M25 Y18 K0	C6 M11 Y11 K0

色彩渐变产生秩序美感

下图采用了红色与绿色的撞色搭配，通过黑、白、灰等协调色使色彩和谐统一，并将红色作明度上的变化，使得红色在醒目的同时又不过于刺激。

C49 M99 Y97 K7
C23 M100 Y98 K0
C14 M98 Y94 K0
C4 M99 Y92 K0
C4 M81 Y67 K0

2.1.2 黄色的基本搭配方法

黄色是阳光的色彩，象征光明、希望、高贵、愉快。黄色在纯色中明度最高，与红色系色彩搭配产生辉煌华丽、热烈、喜庆的效果，与青（蓝）色系色彩搭配产生淡雅、宁静、柔和、清爽的效果。

黄色与红色搭配能得到阳光、温暖的视觉效果

黄色与青（蓝）色搭配能得到安静、平和的视觉效果

黄色与紫色搭配能得到惊艳的视觉效果

1. 黄色系的临近色搭配

在右图的餐厅中，将纯度比较高的黄色餐桌、偏橙色的餐椅、米黄色的地板、3500K 左右的灯光（偏暖的光线）搭配在一起，这样的色彩组合可以增进人们的食欲。餐吧部分以黑、白、灰的色彩为主，和黄色系搭配能起到很好的衬托作用。

C0 M15 Y100 K0	缃色
C10 M5 Y5 K100	魅力黑
C36 M59 Y96 K2	咖色
C4 M25 Y18 K0	沙滩色
C50 M57 Y87 K4	黎草色

2. 黄色系的冷暖色搭配

黄色是比较温暖的颜色，如果一个空间过多地使用黄色，则会有一种干涩的感觉，这时加上一些冷灰色，就会使空间变得很"润"，而且很时尚。

空间中黄色所占比例过大

C0 M15 Y100 K0	缃色
C20 M70 Y100 K0	古铜黄
C50 M42 Y35 K1	青石灰
C69 M42 Y39 K1	沙滩色
C10 M19 Y28 K0	藕粉

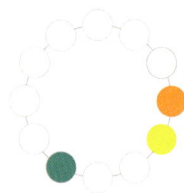

将沙发与灯具换成冷色(浅藕粉),空间会变得很"润"

3. 黄色与灰色系搭配

右图中的主色系为黑、白、灰，如果仅仅通过米色床的靠背和床头柜显然不会使空间变得足够温暖，而高纯度的黄色抱枕就像冬天的太阳，它的加入使得整体效果大为不同，这样的搭配非常用心。

C2 M18 Y193 K0	缃色
C80 M70 Y60 K46	倒影蓝
C27 M44 Y60 K46	驼色
C71 M58 Y53 K8	黛蓝
C19 M53 Y50 K0	葡萄汁

4. 黄色与青（蓝）色搭配

黄色与青（蓝）色搭配可以营造出宁静的氛围，下图中北欧风情的家具与高纯度的色彩搭配共同使画面更具时尚感。

C2 M18 Y193 K0	缃色
C38 M49 Y58 K1	豆沙灰
C48 M76 Y94 K6	栗色
C85 M59 Y33 K2	深海蓝
C19 M52 Y50 K0	蓝灰

2.1.3　青（蓝）色的基本搭配方法

青（蓝）色是天空的色彩，象征和平、安静、纯洁、理智，也有消极、冷淡、保守等意味。青（蓝）色与红、黄等色运用得当，能构成和谐的搭配关系。

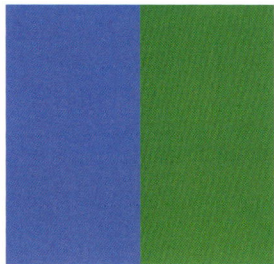

青（蓝）色与绿色搭配出绿荫下的"阴凉"感

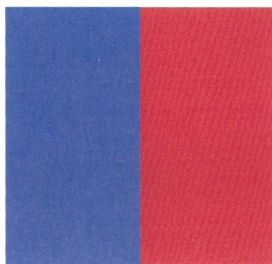

青（蓝）色与紫色搭配出时尚惊艳的效果

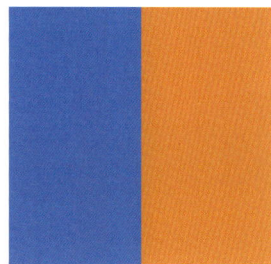

青（蓝）色与橙色搭配出冷峻与热烈的对撞感

1. 青（蓝）色与金色搭配

青（蓝）色是深邃的，如同蔚蓝的大海。右图用不同明度的青（蓝）色以铜质线条作边框归纳，仿佛片片海浪，使空间显得灵动，并充满未来感。这样的青（蓝）色搭配无时不在提醒着人们，这里的海鲜来自深海，这里的海鲜最新鲜。

宝蓝	碧蓝	金黄	深海蓝	蓝灰
C99 M71 Y0 K0	C64 M0 Y5 K0	C2 M23 Y80 K0	C82 M71 Y42 K0	C29 M13 Y16 K0

2. 青（蓝）色与白色搭配

青（蓝）色与白色的搭配最容易获得清幽宁静的效果，是希腊地中海风格最常用的色彩搭配方式之一。

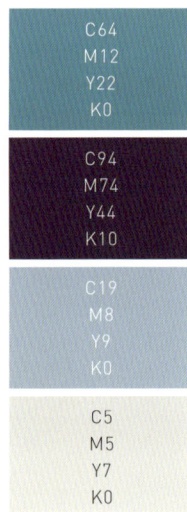

C64 M12 Y22 K0

C94 M74 Y44 K10

C19 M8 Y9 K0

C5 M5 Y7 K0

当青（蓝）色、白色、橡木色家具和铜质灯具搭配在一起时，可以给人一种清新的美感。

C64 M12 Y22 K0	
C13 M42 Y63 K0	
C94 M74 Y44 K10	
C19 M8 Y9 K0	
C5 M5 Y7 K0	

3. 青（蓝）色与金色和灰色的搭配

在下图的客厅空间软装搭配中，青（蓝）色从双人沙发开始到三人沙发的抱枕、书籍、地毯，与其他的颜色交替出现，充满着节奏感。

2.2 以明度为主的色彩搭配方法

明度是指色彩的明暗程度，色彩的明度可以分为同一色相的明度对比与不同色相之间的明度对比，同一色相的明度变化可以通过增加黑色或白色得以实现，增加白色明度变高，增加黑色明度降低。色彩搭配时，需要同时注意色相环上不同色相之间本身就存在的明度区别。明度对比是色彩对比的第一要素，在软装设计时如果忽略了明度关系，即便色彩的其他属性是协调的，画面也会显得平淡而没有生气。不同的明度对比会产生不同的视觉效果，低明度感觉稳重，高明度感觉轻快，明度的强对比会感觉活跃，明度的弱对比会感觉柔和。

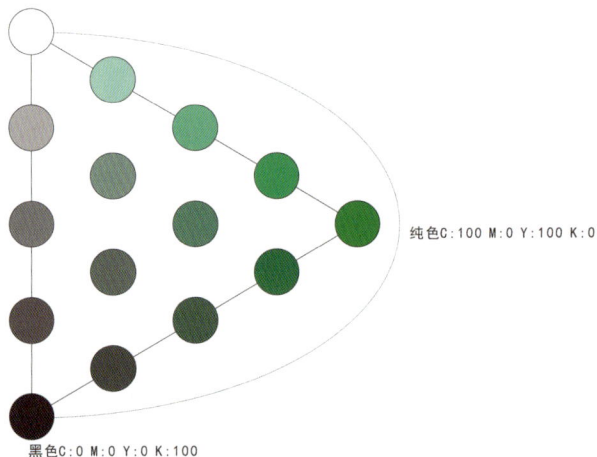

纯色C:100 M:0 Y:100 K:0

黑色C:0 M:0 Y:0 K:100

越接近白色区域的色彩就越轻快，越接近黑色区域的色彩就越厚重，越接近纯色区域的色彩纯度就越高。

2.2.1 高明度色彩搭配方法

高明度色彩的软装产品给人雅致、明快、轻便、柔和的感觉。

高明度的色彩很容易让人联想到冰淇淋、蛋糕、奶油等甜的食品，给人一种甜蜜的感觉。

C0 M25 Y0 K0	C0 M0 Y23 K0	C0 M20 Y40 K0	C0 M20 Y20 K0	C0 M39 Y52 K0

高明度、低纯度的色彩搭配给人朴素的感觉。

C0 M20 Y60 K20	C0 M0 Y23 K0	C10 M10 Y18 K8	C0 M0 Y40 K0	C4 M8 Y7 K0

高明度偏白色和粉色的色彩搭配给人一种梦幻的感觉。

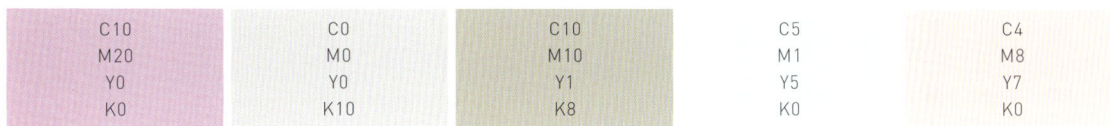

C10	C0	C10	C5	C4
M20	M0	M10	M1	M8
Y0	Y0	Y1	Y5	Y7
K0	K10	K8	K0	K0

2.2.2 中明度色彩搭配方法

中明度的软装产品因为其色彩饱和度高，所以更容易搭配出华丽、时尚的感觉。

中明度的橙色和红色搭配给人以温暖的感觉。

C0	C0	C23	C0	C0
M60	M80	M30	M20	M0
Y100	Y65	Y96	Y100	Y100
K0	K10	K0	K0	K0

中明度的绿色和绿灰色搭配具有强烈的现代感。

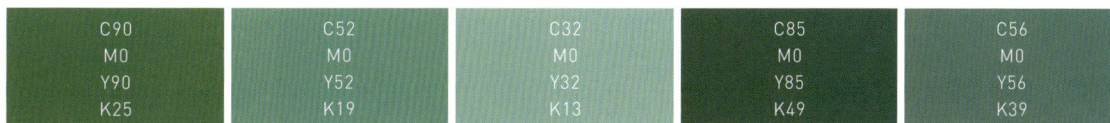

C90	C52	C32	C85	C56
M0	M0	M0	M0	M0
Y90	Y52	Y32	Y85	Y56
K25	K19	K13	K49	K39

中明度和高纯度的色彩搭配往往能体现出时尚的感觉。

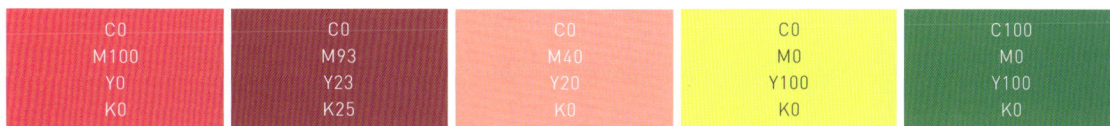

C0	C0	C0	C0	C100
M100	M93	M40	M0	M0
Y0	Y23	Y20	Y100	Y100
K0	K25	K0	K0	K0

2.2.3 低明度色彩搭配方法

低明度的软装产品给人以厚重、结实、高品质、奢华的感觉。

色彩明度降低的同时，纯度也会随之降低，但这恰恰是奢华色彩的代表。

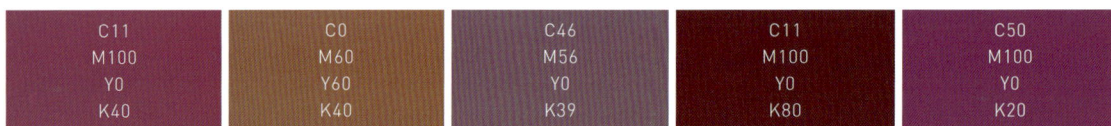

C11 M100 Y0 K40	C0 M60 Y60 K40	C46 M56 Y0 K39	C11 M100 Y0 K80	C50 M100 Y0 K20

如果时尚代表当下，那么低明度的色彩所体现出的传统与稳重则代表着历史。

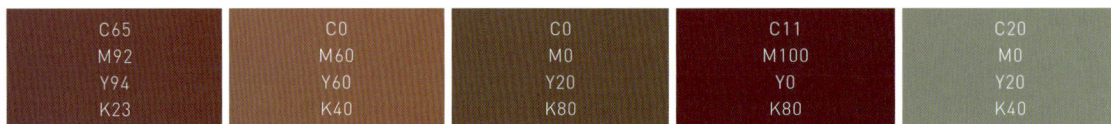

C65 M92 Y94 K23	C0 M60 Y60 K40	C0 M0 Y20 K80	C11 M100 Y0 K80	C20 M0 Y20 K40

低明度的色彩搭配具有厚重感和力量感。

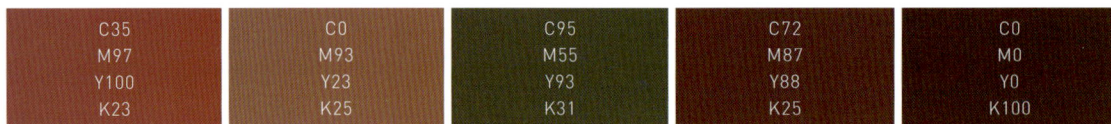

C35 M97 Y100 K23	C0 M93 Y23 K25	C95 M55 Y93 K31	C72 M87 Y88 K25	C0 M0 Y0 K100

2.2.4 明度搭配案例

1.明度的微差对比

下图所示的色块是两种不同高明度色彩组合，因为明度对比关系不同，呈现的感觉完全不同。

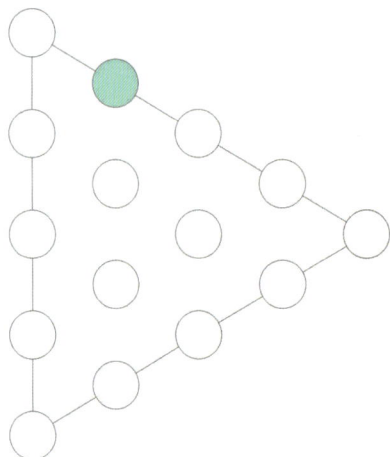

明度对比太弱

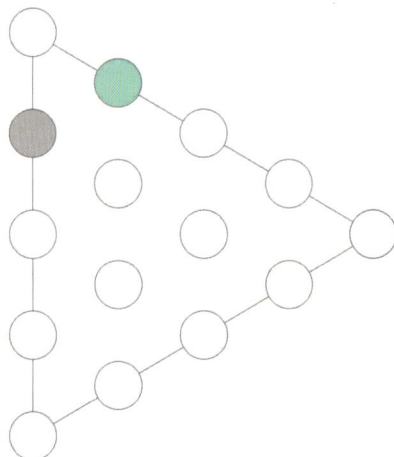

适当的明度对比

在高明度的软装设计搭配中，也要注意明度的细微差别。右图为北欧风格的软装搭配，布艺全部为高明度的灰白色，家具的木色明度也较高，这就使本方案因为搭配缺乏明度上的微差处理，而显得过于平淡。

调整后的方案在保持高明度色调不变的情况下，选择了与床品、墙面、地毯有一定对比度的灰色窗帘、挂画、沙发、台灯、抱枕，使空间显得更明快。

2. 明度的强对比与弱对比

下图分别是明度的强对比和弱对比色彩组合，认真体会两种对比带给我们的印象。

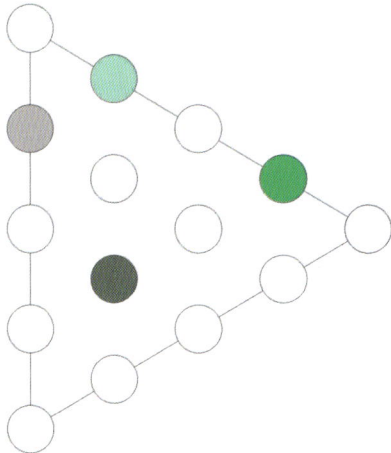

明度的强对比显示出力量   明度的弱对比显得高雅

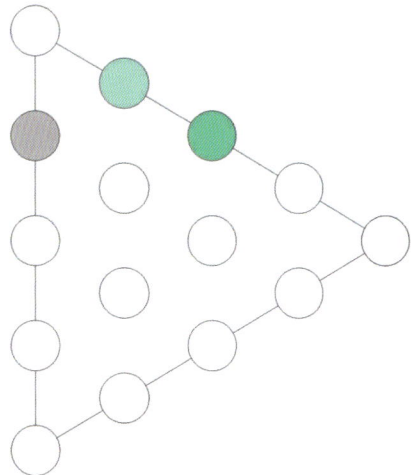

下图中的布艺选择了高明度与低明度对比强烈的色彩，这样的搭配使空间显得有活力，更容易获得华丽的感觉。

下图中的窗帘、玄关椅、玄关柜、地毯等元素的色彩较为接近，明度的微差对比使空间显得雅致、安静，更容易获得高雅的感觉。

2.3 以色相为主的色彩搭配方法

为了更好地掌握色相的搭配，首先应该熟知色相环。按颜色在色相环之间的位置关系，色相搭配可以分为同一色色相搭配、邻近色色相搭配、对比色色相搭配和互补色色相搭配。色相环中两个色相之间的角度越大，对比就越强烈，反之则越弱。

2.3.1 安全的同一色搭配法

同一色配色是指用色相环上的某一个颜色作为主色进行色彩搭配，将该色彩加白色或黑色形成不同的色阶（即形成不同的明度变化的色彩阶梯），然后选择位于不同色阶的颜色进行搭配。同一色相的色彩搭配是最安全的色彩搭配方法，为了避免单调，往往会通过明度变化及材质的变化来丰富空间对比。

1. 同一色搭配调整案例

在同一色搭配中适当提高明度与纯度的对比，可以获得良好的色彩搭配效果。在下图的空间软装搭配中，虽然有一定的明度对比，但空间还是略显平淡，这是因为空间中缺乏高纯度的色彩。当将沙发替换成高纯度的色彩时，空间显得有视觉张力，搭配效果更好。

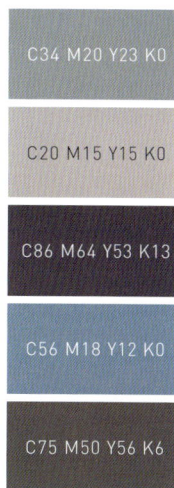

C34 M20 Y23 K0
C20 M15 Y15 K0
C86 M64 Y53 K13
C56 M18 Y12 K0
C75 M50 Y56 K6

调整之前

C91 M43 Y43 K8
C20 M15 Y15 K0
C86 M64 Y53 K13
C56 M18 Y12 K0
C75 M50 Y56 K6

调整之后

2. 同一色搭配的色彩与材质处理

在进行同一色的色彩搭配时，材质也是需要考虑的重要因素，不同的材质在同一色搭配中会让空间呈现出不同的感觉。

下图所示的软装搭配中采用咖色、米色和白色作为色彩搭配的主调，材质上以木、布艺、毛料为主，在这一软装搭配案例中给人以朴实无华的感觉，是大多数年长者喜欢的搭配方案。

| C53
M63
Y71
K8 | + | C10
M16
Y27
K0 | + | C14
M26
Y38
K0 | = 朴实 |
| 深檀色 | | 米色 | | 木材质 | |

下图所示的软装搭配中以墨绿和松石绿作为色彩搭配的主调，材质以金属为主，这样的搭配给人以低调奢华的感觉，是对空间品质有一定要求者喜欢的搭配方案。

| C87
M69
Y77
K46 | + | C71
M35
Y58
K2 | + | C56
M62
Y95
K13 | + | C14
M25
Y33
K0 | = 低调奢华 |
| 墨绿 | | 松石绿 | | 古铜 | | 玫瑰金 | |

2.3.2 丰富和谐的邻近色搭配法

从广义上讲，在色相环上的距离只要不超过 120° 的色彩搭配都可以称为邻近色搭配。邻近色搭配是最容易出效果的色彩搭配手法，因为邻近色在色相环上的位置比较接近，色彩有一定的变化，同时又包含相同的色彩元素，所以很容易搭配出和谐统一的效果。

在进行邻近色搭配时，可以先选定某个颜色作为主色，然后在 24 色相环上找到相邻的 8 种颜色进行搭配。

1. 以橙色为主的临近色搭配

下图所示为以橙色为主的 8 种邻近色，在这 8 种颜色中都包含有黄色的成分。

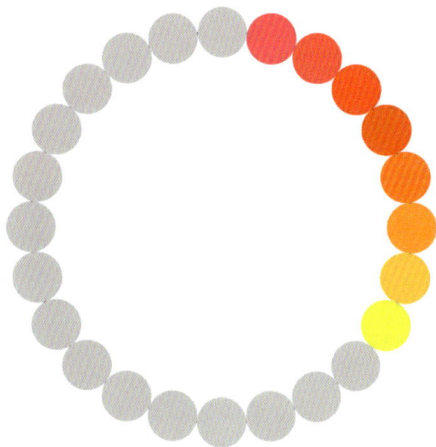

下图所示的整个画面以橙色为主调，其他产品都选择了橙色的邻近色，整体色彩搭配和谐统一。注意空间中从装饰画到红酒、单椅、抱枕、书籍、灯罩的颜色纯度呈逐渐降低的关系，同时灯具的铁艺、装饰画框选用深色金属，使空间更有层次感。

C0 M70 Y80 K0
C5 M95 Y96 K0
C12 M42 Y92 K0
C3 M25 Y14 K0
C59 M76 Y89 K13

2. 以青（蓝）色为主的临近色搭配

右图所示为以青（蓝）色为主的 8 种邻近色。在这 8 种颜色中，顺时针方向最后一个颜色有紫色成分（紫棠 C:75 M:100 Y:0 K:0），逆时针最后一个颜色有绿色成分（青碧 C:100 M:0 Y:50 K:0）。紫棠中包含的青色为 75，青碧中包含的青色为 100，它们有一个共同的特点，就是色彩里包含了较多的青（蓝）色成分。

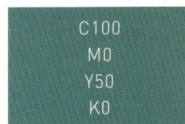

青碧

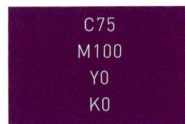

紫棠

下图中整个软装搭配以青（蓝）色为主色，虽然选择了部分紫色，但所选紫色中包含青（蓝）色的成分比较多，画面中以沙发组合及装饰画作为主色基调，以金属边框提亮空间，以灰色作为协调色，使画面中紫色与青（蓝）色的搭配更和谐。

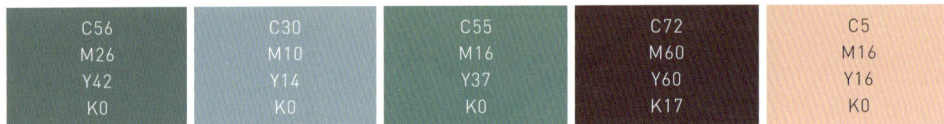

2.3.3 时尚有度的对比色与互补色搭配法

对比色色彩对比强烈，比较容易搭配出时尚的感觉。用对比色搭配时，需要有较高的色彩搭配技巧，否则画面容易出现不和谐的情况。对比色在色相环上为相距 120°~165° 的色彩，24 色相环中以某色为基础色，与其相距 8~12 种色的色彩都属于该色的对比色。

任何两个原色搭配都属于对比色搭配的范畴。

任何两个间色搭配也都属于对比色搭配的范畴。

| 橙 | + | 绿 | | 橙 | + | 紫 | | 绿 | + | 紫 |

色相环上相距 180° 的两个颜色为互补色，用一种比较快速的理解方法是：三原色中某个颜色的补色等于另外两个原色相加的结果。

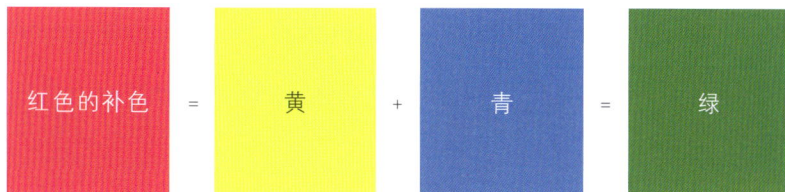

| 红色的补色 | = | 黄 | + | 青 | = | 绿 |

1. 对比色搭配的面积控制

用对比色进行搭配时，需要有主色与次色，主色占大面积，次色占小面积，这样的色彩搭配才能够达到和谐统一的效果。

下图所示的绿色与橙色是 7 ：3 的关系，这个比例是比较安全的对比色搭配关系。

在下图所示的软装搭配方案中，色彩的冷暖比例约为 67% ：33%。松绿色大约占了 70% 的空间，是空间的主导色彩，搭配小面积的橙黄色，这样的色彩搭配使空间既有强烈的对比，又显得和谐。

C76 M27 Y53 K0

C1 M55 Y95 K0

C76 M46 Y28 K1

C34 M11 Y88 K0

C46 M57 Y73 K2

2. 对比色搭配的纯度距离

在进行对比色搭配时，可以将其中一种颜色的纯度降低，或者将两种颜色的纯度都降低，从而达到和谐、统一的效果。

两个高纯度的对比色搭配，对比过于强烈

通过降低一方颜色的纯度，降低对比度

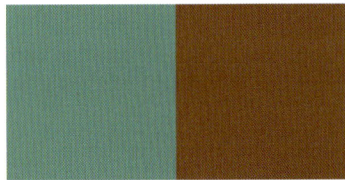

通过降低双方颜色的纯度，降低对比度

下图所示的软装方案在色彩搭配方面存在一些问题，接下来通过分析与调整方案学习对比色的搭配方法。

搭配问题

① 吊灯的颜色纯度过高，抢了整个空间的视觉焦点。

② 地毯的颜色与右边的单椅和窗帘的颜色纯度都比较高，使上中下色彩过于接近而粘连在一起。

③ 沙发上的紫色在空间中缺乏呼应。

④ 背景的竖条纹太突出。

调整思路

① 改用线型的铜质灯具，既保留时尚感和品质感，又与茶几和单椅的铜材质呼应。灯具没有了艳丽的青（蓝）色，更能呈现低调的奢华感。

② 将地毯换成深色皮草，与地面物体拉开距离，同时又能很好地衬托地面家具与窗帘等，使画面显得有层次。

③ 在茶几上引入沙发上的紫色，使空间中的暖色不再孤单，同时放上黄色鸡尾酒，使用玻璃、皮革（皮草）、金属三大元素共同营造奢侈感。

④ 使用时尚的文字元素作背景，使主次关系分明。

3. 协调色

黑、白、灰为无彩色（也称为无性色），因为没有色彩倾向，在色彩搭配中具有调和对比色和互补色的作用，具有此功能的还有金色和银色。金色和银色的调和作用与黑、白、灰有所不同，黑、白、灰是通过分割、分隔对比色与互补色的方式调和，金色与银色因自身具有较强的"注目"作用，使对比强烈的对比色与互补色的对比性减弱，从而起到调和的作用。黑、白、灰、金、银也称为协调色。

并置的对比色对比强烈

用无彩色灰色勾边后显得更和谐

下图所示为大红色与墨绿色为主的对比色搭配，因为空间中无性色参与度比较小，所以色彩关系略显突兀，显得有一些不协调。

加入灰色地毯、黑色背景屏风、金属吊灯和落地灯，右边换成有黑色参与的单椅，画面显得和谐很多。

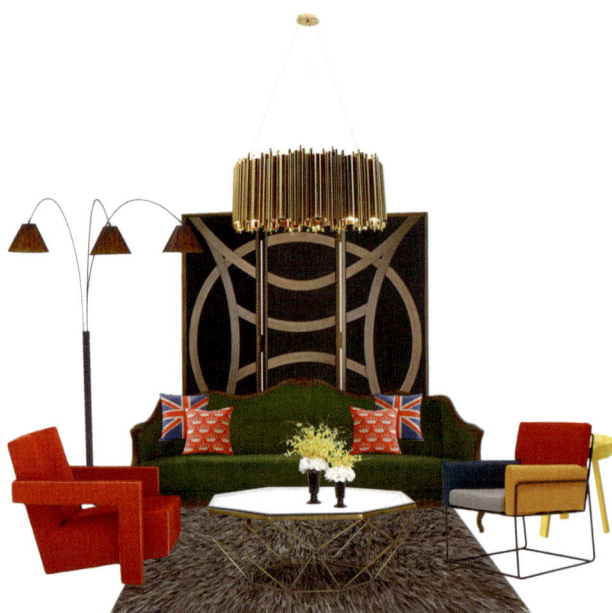

	C76 M52 Y92 K0
	C9 M96 Y94 K0
	C10 M40 Y87 K0
	C80 M70 Y67 K51
	C91 M65 Y53 K18

2.4 软装色彩搭配中的纯度对比

越接近原色的色彩纯度越高，在色相环中三原色的纯度最高，其次是间色，三原色与间色都是高纯度的色彩。在对三原色进行混合时，其比例越接近，纯度就越低，当 C、M、Y 3 个值完全相等时，调配出来的颜色则为无彩色。

2.4.1 不同纯度的色彩搭配

不同纯度的色彩会给人不同的感受，高纯度的色彩鲜艳夺目，而低纯度的色彩给人舒适、优雅的感觉。高纯度的色彩更容易营造出热情、华丽、时尚的氛围，而低纯度的色彩则更容易营造低调、奢华、安静等氛围。

纸纯度（白） C:0 M:0 Y:0 K:0

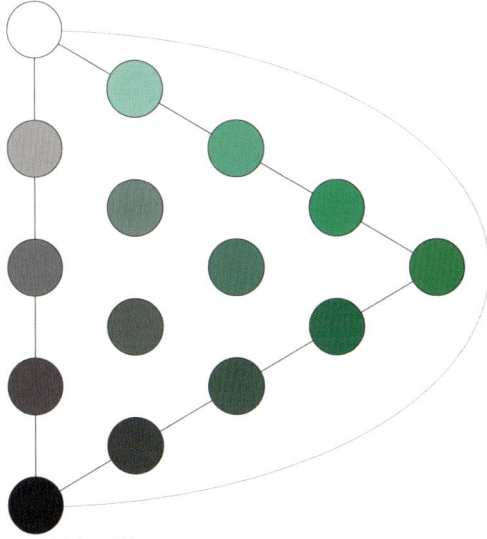

纯色 C:100 M:0 Y:100 K:0

纸纯度（黑） C:0 M:0 Y:0 K:100

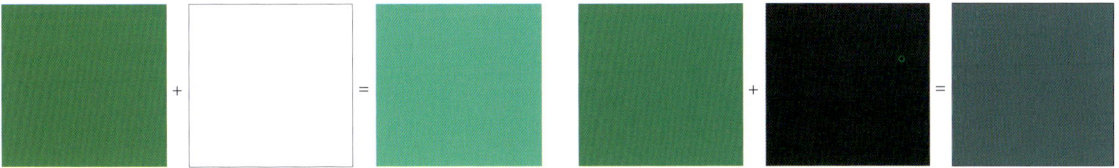

某个颜色加白色，明度变高的同时纯度降低

某个颜色加黑色，明度变低的同时纯度降低

高纯度产品给人以时尚感

低纯度的产品给人高品质、素雅之感

高纯度色彩的软装搭配方案更能引人注目，适合展示性较强的空间。

杨佳瑜作品

　　低纯度色彩的软装搭配显得低调、雅致，更适合功能性的生活空间。下图所示为低纯度的色彩搭配，空间显得平实、厚重。

杨滨僮作品

在下图中通过更换窗帘、床品、床头柜、矮柜等，提高了产品的纯度，空间变得生动、华丽。

C21 M20 Y33 K0

C72 M69 Y76 K27

C75 M61 Y90 K35

C68 M74 Y86 K26

C15 M22 Y35 K0

调整之前

C93 M62 Y70 K30

C63 M36 Y33 K1

C23 M64 Y98 K0

C68 M74 Y86 K26

C62 M14 Y35 K0

调整之后

2.4.2 纯度与面积

面积是色彩搭配中非常重要的概念，在色彩搭配中要考虑到纯度与面积的关系，在室内软装设计搭配中大多遵循以下配色原则。

基础色约占 70%，主题色占 20%~25%，点缀色约占 5%。大多数的软装配色方案中的基础色选择高明度、低纯度的色彩，主题色选择中、低纯度的色彩，点缀色选择高纯度的色彩。

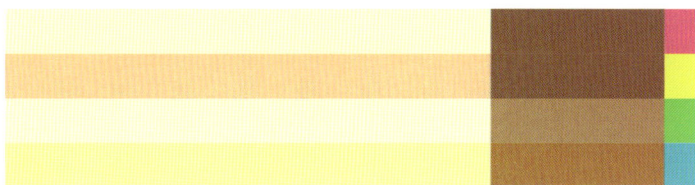

软装色彩搭配比例

基础色一般是指硬装的色彩，如天棚、墙面、地面的色彩，它是室内空间最基础的色彩，它决定了空间的基本色彩感觉。

主题色可以改变一个空间的形象，使配色富有个性，主要是指沙发、窗帘、家具等的颜色。

主题色的颜色如果太鲜艳，会让人产生视觉疲劳，但太过平稳会产生单调的感觉。

点缀色是整个空间的"调味品"，用于一些小面积的用品，面积虽小，却能给人留下深刻的印象，是一种最简便的改变空间形象的方法。

下图所示的软装方案基础色为白色，主题色为灰白色与棕色，点缀色为高纯度的青（蓝）色、黄色。

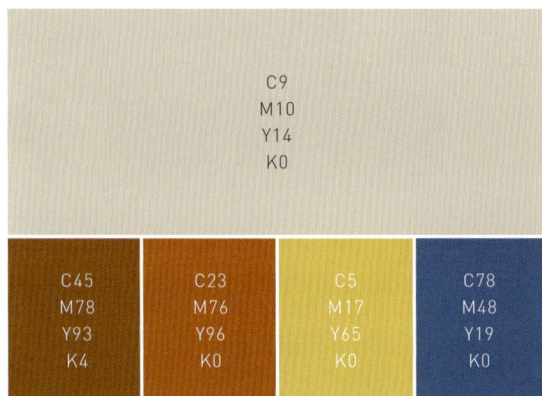

C9
M10
Y14
K0

C45 M78 Y93 K4	C23 M76 Y96 K0	C5 M17 Y65 K0	C78 M48 Y19 K0

2.4.3 背景对纯度的影响

同一纯度的颜色在不同的背景下会产生微妙的视觉变化，下图中的黄色在低纯度背景下显得更纯净。

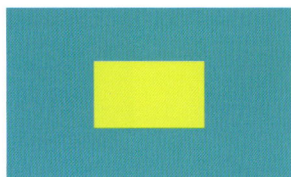

当需要突出某一产品时，可以将该产品的背景色纯度降低，下面左图中有4处红色的纯度都比较接近，当降低背景画面与地面红色的纯度时，椅子的颜色纯度感觉变高，从而更突出，成为视觉的焦点。

第3章

软装色彩调整方法

软装设计师有时候会发现方案的色彩搭配不理想，但总是找不到问题出在哪里，相信通过本章的学习会找到答案。本章主要介绍如何通过局部色彩的调整获得更好的软装色彩搭配方案。

3.1 如何突出空间的主角色

在软装色彩搭配中重点要解决好主题色彩，主角产品的主题色是整个软装空间的主角色；基础色彩是整个空间的基调；点缀色的作用主要是调节空间色彩，同时还有很强的视觉指向与引导作用。

3.1.1　软装的主角色在哪里

不同的空间中主角色有所不同，找到主角色并不难，第一主角色通常在主题色彩中，第二主角色通常位于设计师要解决的视觉焦点区域，下图中的绛紫色沙发就是整个空间的主角与视觉焦点。

C49 M98 Y89 K8
C87 M75 Y67 K51
C58 M81 Y93 K15
C3 M28 Y53 K0
C43 M46 Y56 K1

在玄关区域中玄关柜通常是主角；在客厅中主沙发是主角；在餐厅中餐桌是主角；在卧室中床是主角；书房的主角是书桌或书橱；卫生间的主角与其他空间有所不同，它的主角可能是卫浴用品，也有可能是挂画。

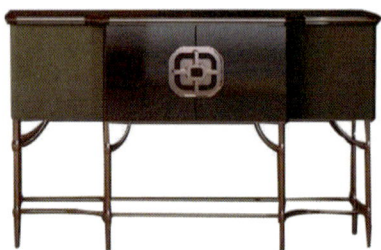

玄关的主角

餐厅的主角

厨房的主角

客厅的主角

卧室的主角

书房的主角

可变的卫生间主角

3.1.2 软装空间中主角色的处理技巧

1. 强化主角产品的色彩明度对比

在浅色或中明度色彩的软装搭配方案中，可以通过降低主角的色彩明度，使主角与其他元素之间主次分明。左图中主角（玄关柜）的色彩明度与其他软装元素过于接近，从而造成主角没有成为视觉中心。在右图中通过更换明度更低的玄关柜，拉开玄关柜与其他元素明度对比的距离，使方案中主角产品（玄关柜）成为视觉中心，玄关柜显得更突出，方案的色彩搭配主次分明。

苍青	浅水蓝	雪青	灰木色
C65	C39	C28	C30
M54	M24	M22	M43
Y44	Y31	Y19	Y84
K0	K0	K0	K0

明度对比弱显得平淡，缺乏主次

苍黑	浅水蓝	柚木色	木色
C80	C39	C58	C30
M74	M24	M71	M43
Y72	Y31	Y71	Y84
K48	K0	K19	K0

明度对比强显得主次分明

2. 提高主角产品的色彩纯度

通过提高主角产品的色彩纯度，可以将主角产品与其他产品有效地拉开距离，使空间形成主次关系，从而使空间关系显得更稳定。在下图所示的软装方案中，主角沙发与其他产品之间的纯度比较接近，主次不明确。

C82 M79 Y70 K49

C41 M45 Y51 K0

C57 M74 Y89 K29

C6 M36 Y55 K0

主角产品与配角产品的色彩纯度接近

通过提高主角产品的色彩纯度（将色彩变为棕色），使主角沙发成为视觉中心，主次明确，画面的稳定感更强，也显得更耐看。

C79 M72 Y64 K14

C16 M85 Y93 K0

C51 M57 Y69 K4

C21 M21 Y30 K0

增加主角产品的色彩纯度，使主角成为主体

低纯度的色彩组合识别性差

高纯度的色彩组合识别性强

3. 改变主角产品的色彩冷暖关系

通过改变主角产品的色彩冷暖关系，使主角产品的色彩与其他产品的色彩形成冷暖对比，从而使软装主角元素脱颖而出。

C72 M50 Y62 K7	
C80 M78 Y60 K51	
C11 M25 Y68 K0	
C54 M60 Y72 K0	
C21 M22 Y29 K0	

只有暖色的色彩组合显得沉闷　　　　　　　　冷暖搭配的色彩组合显得生动

4. 通过配饰提高对主角产品的关注

在无法更换主角色彩时，可以通过增加配角（即配饰的色彩）作为引导色，将视线引到主角上，也可以很好地提高主角的关注度。

下面左图中的主角应该是灰色沙发，但周围元素的色彩纯度都较高，造成了主角产品不突出的问题。为了使主角产品突出，可以在沙发上放置高纯度色彩的抱枕、像框，换上更具有视觉冲击力的装饰画，将视线重新拉回到主角沙发上。

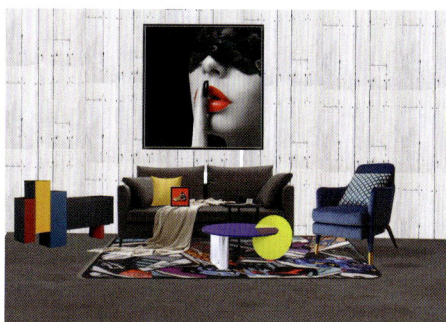

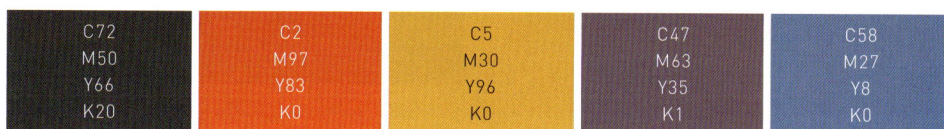

C72 M50 Y66 K20	C2 M97 Y83 K0	C5 M30 Y96 K0	C47 M63 Y35 K1	C58 M27 Y8 K0

主角的色彩统一、素静、雅致，但缺乏色彩的激情

主角附属品的色彩也可以增加主角的关注度，在保持素雅的同时注入色彩的激情

3.2 正确处理软装色彩区域

软装色彩分为基础色、主题色和点缀色，3个分区应各得其所，在对比中找到统一。

3.2.1 深色基础色协调方法

深色基础色大多出现在古典风格、港式风格和 Loft 风格中。深色基础色可以搭配深色、浅色和中明度色彩的家具，不同的搭配思路会呈现不同的效果，不同的搭配组合在细节处理上也有不同的处理手法。

右图为公寓样板房设计，室内空间为深灰色的基础色，深色的搭配使整个空间显得有品质感，客厅空间中的主角沙发选用浅米色加深色抱枕搭配，卧室空间中的主角床以深色床头靠背加浅色床品搭配，地毯由几何图形划分出的深色与浅色色块组成，与其他产品形成呼应。

云璟汇公寓样板房　　　　邹伟刚设计作品

深色背景配浅色沙发 + 深色抱枕 + 黑色画框 + 浅色画芯

深色背景软装搭配要注意对比度，对比度过强会显得生硬，对比度过弱会显得平淡。

过强的对比关系显得生硬

过弱的对比关系显得平淡

过弱的对比

过强的对比

适中的对比

3.2.2 浅色基础色协调方法

　　浅色的基础色会使空间清爽、干净，浅色基础色可以给软装搭配提供更多的选择。在下图所示的空间中，墙面为白色，设计师选用深色的金属门框，地面用灰色作造型分割，这样的色彩安排为空间奠定了黑、白、灰的基调，再用一些小面积的高纯度色彩点缀就可以瞬间点亮空间。

重庆海龙装饰作品

C12	C51	C84	C33	C11
M11	M43	M73	M80	M20
Y12	Y43	Y75	Y73	Y46
K0	K2	K86	K0	K0

1. 白色基础色如何与深色家具搭配

　　下面的软装方案中，如果只是黑色沙发和白色墙面搭配，会产生激烈的碰撞，造成整个空间的色彩感觉十分生硬。为了改变这种情况，可以加入灰色或中明度色彩（有彩色）进行缓冲，使空间的色彩感觉变得柔和。

生硬

柔和

	C9
	M11
	Y6
	K0

C51	C84	C88	C63
M43	M73	M62	M72
Y43	Y75	Y54	Y76
K2	K86	K15	K12

2. 白色基础色如何与浅色家具搭配

　　白色基础与浅色家具搭配具有一定的难度，下图所示的搭配就显得空间没有主题，色彩暗淡。所以很多人认为白色的基色一定要与深色的家具搭配才能出效果，其实这不是唯一的方法，白色基础色可以与任何颜色的家具搭配，这取决于设计师对色彩的驾驭程度和对预期效果的判断。认为白色基础色只能搭配深色家具的设计师，可能忽略了软装搭配中的窗帘、布艺、装饰画、地毯等元素。

　　在不改变色彩印象的前提下，将窗帘与茶几的色彩换成咖色，这样咖色的面积加大，让灰白色的沙发处在两个咖色之间，大体量的沙发就成为了空间的主角，再在沙发上搭配一块黄色的布毯，使主角再一次得到强化，同时空间也保持了原本的色彩和感觉。

C12 M11 Y12 K0	C51 M43 Y43 K2	C84 M73 Y75 K86	C42 M55 Y60 K1	C3 M20 Y80 K0

高纯度基础色协调方法

　　高纯度基础色与主题色之间应拉开一定的距离。主题色的软装元素应选择中纯度或低纯度色系，这样更容易使主题色得到强化。

　　大面积的高纯度色彩与小面积的高纯度色彩搭配，主题不明确。

　　大面积的高纯度色彩与小面积的低纯度色彩搭配，低纯度色彩也可以成为主角。

　　下面左图中背景与家具都采用高纯度的色彩，而且家具与背景之间都是多色组合，空间色彩显得杂乱无章，甚至有找不到家具轮廓的感觉；右图中将柜子与单椅换成低纯度的色彩，使家具与背景形成互相衬托的色彩关系。

3.2.4 点缀色的搭配

软装的点缀色通常是花艺、布艺、抱枕、摆件、装饰画等元素的色彩，点缀色虽然所占面积比较小，但它对室内空间色彩的调节具有举足轻重的作用。

下面是雪蓝色为主色的空间搭配方案，左图的软装搭配没有使用点缀色，画面显得有些暗淡无光；右图将花艺、抱枕换成黄色，空间有被"点亮"的感觉。

C70 M40 Y31 K1	C47 M35 Y31 K1	C52 M58 Y80 K4	C19 M25 Y42 K0

加点缀色之前显得单调

C70 M40 Y31 K1	C47 M35 Y31 K1	C6 M16 Y94 K0	C19 M25 Y42 K0

增加点缀色之后显得丰富

下图所示为独立软装设计师蒋夏的软装设计作品，该方案为东南亚风格，通过解读方案的色彩不难发现，色彩以浓郁的深色系为主，如深棕、黑色、金色等，该方案将东南亚的点缀色孔雀蓝、孔雀绿、牡丹红等色彩主要用在摆件、绿植、装饰画等元素上。

C64 M12 Y22 K0	C88 M37 Y76 K4	C18 M39 Y80 K0	C58 M79 Y95 K16	C62 M89 Y45 K7

本方案主要色彩

风格解析 PROJECT

东方情怀——东南亚风格

热带雨林景观繁华，物资丰富的东南亚地区以独特自然、协调感塑建筑地域风格...

1. 材料：木、石、植物等自然材料的大量运用，旨在塑造真实的大自然。
2. 色彩：以深色系为主，加深棕、黑色、金色等，同时还有耐看的陶红和黄色。

3. 水波运用：静态、动态的水在东南亚风格中成为点睛之笔。

4. 自然与人文的交融。

尊重自然，崇尚工艺，人文关怀

设计风格定位 PROJECT

出则繁华，入则宁静—— 惬意 品位 东方情怀 人文精神

灵感来源

斑斓

百鸟之王

孔雀盛产于东南亚，是美丽的观赏动物，是吉祥、善良、美丽、华贵的象征。

灵感来源

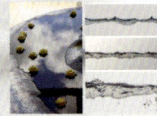

灵动

泉

古语云：
"泉，水原也，象水流出成川形。"
山水为自然之根本，将水元素用解构的手法拆解重组，融入室内布置，纯粹而自然。

设计概念

"雀"意阑珊，处处皆自然

将来自热带的自然景观与生灵，清新与醇厚，融入这个快节奏的楼宇，万丈繁华之中，留一片恬静。

设计元素 —— 山水、绿植、木雕、图腾

从现代生活中提取相关元素，结合并融入东南亚岛屿特色及精致文化品位，以自然、放松的生活状态为基调，营造出恬静休闲的异域风情。

元素结构提炼分析

提取 → 演变

色彩规划

材质说明

花、竹、藤、叶，配上历史感浓郁的黄铜，每一处细节的考量，无不是对自然的崇尚与敬意。

灯具示意图

原人藤、棕榈、椰壳等，截不同的自然珍宝包裹在同样自然古朴的花器中，清风拂面，仿佛能闻到带雨林泥土打湿的芬芳。

花艺示意图

淡雅禅意，或是浓墨重彩，都不影响它低调的华丽。

窗帘示意图

融入特色元素：大象、图腾、藤编纹等，它们或色彩艳丽，或生动形象，
作为空间的点睛之笔，更增添活跃的氛围。

挂画示意图

最美不过自然，山水、生灵，都是寻常却又难得的装饰。

地毯示意图

各空间主要示意图

一层休闲咖啡/简餐厅

一层书吧

一层品茶区

一层酒吧

一层自助水果吧

一层电梯厅

一层视听室

一层餐厅包间

一层餐厅户外就餐区

一层户外休闲区

二层套房方案——让品味更纯粹一些。

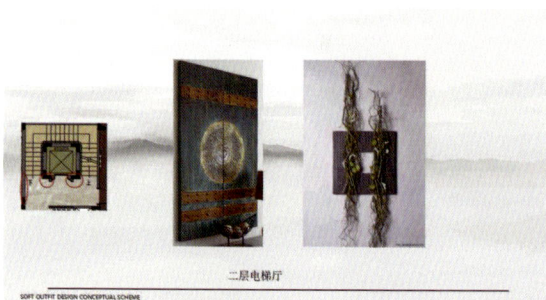

二层电梯厅

二层家庭房

二层小套

二层单人间

二层标间

二层餐厅

三层套房方案——留住常在的绿意。

三层电梯厅

三层客厅

三层单人间

三层双人间

三层户外

四层套房方案——自有静谧的洒脱。

四层电梯厅

四层客厅

四层单人间

SOFT OUTFIT DESIGN CONCEPTUAL SCHEME

四层双人间

SOFT OUTFIT DESIGN CONCEPTUAL SCHEME

五层套房方案——盛开的春意，最是盎然。

SOFT OUTFIT DESIGN CONCEPTUAL SCHEME

五层电梯厅

SOFT OUTFIT DESIGN CONCEPTUAL SCHEME

五层单人间

SOFT OUTFIT DESIGN CONCEPTUAL SCHEME

五层双人间

SOFT OUTFIT DESIGN CONCEPTUAL SCHEME

五层露台

SOFT OUTFIT DESIGN CONCEPTUAL SCHEME

五层衣帽间

SOFT OUTFIT DESIGN CONCEPTUAL SCHEME

独立软装设计师蒋夏作品

3.3 色彩的节奏

　　节奏是带有时间元素的动态艺术，是带有重复性的自然规律。在进行色彩搭配时，让色彩有规律地重复出现就是一种节奏，因为人在观看一个画面或一个空间时，视线是处于动态变化过程中的。

　　下页上方图所示的软装搭配中，圆形物体在画面中重复出现，在重复的过程中又呈现从大到小再到大的有规律的变化，这其实就是节奏的体现。

从左到右观察画面时，圆形表现出大、小、大、小有规律的变化。

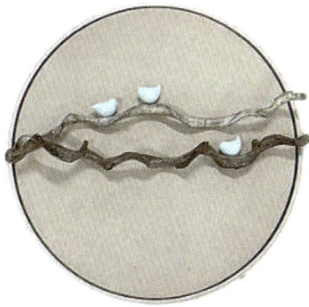

大　　　　　　　　　小　　　　　　　　　　　　大　　　　　　　　　小

3.3.1　色彩的明暗节奏

　　色彩的明度对比是色彩对比的第一要素，但如何使明度对比在空间中更有序地组织在一起，这是软装设计师思考的重点。同样的明度对比关系在空间中不同的安排会出现完全不同的效果。

简单并置排列的明度对比显得单调　　　　　　　　按黑白交替排列的明度对比显得有节奏，有一种韵律美感

下图所示的软装搭配，采用同一色为主的色彩搭配手法，此方案存在以下问题。

① 布帘与背景、家具的色彩明度过于接近。

② 椅子与背景色彩的明度、纯度、色相都过于接近。

③ 木茶几与椅子的色彩过于接近。

④ 地毯与地面兽皮的色彩明度过于接近。

针对以上软装搭配存在的问题进行如下的调整。

① 选择深色的布帘进行搭配，拉开背景与布帘的色彩明度距离。

② 更换色彩明度更低的椅子，提高背景明度，拉开背景与灯具、布帘、家具之间的明度距离，同时背景选择偏冷的色彩，这样空间显得更明快、柔和，整个画面没有了之前的"焦躁"感。

③ 因为选择了金属描边的深色椅子，从而拉开了与木茶几的明度距离，同时椅子上面的金属与装饰台灯、吊灯的金属形成呼应，并呈现出节奏感。

④ 将深色的地毯换成浅色。至此，更改后的软装空间没有了之前的沉闷感，整个空间的色彩形成更强的节奏感。

3.3.2 色彩的纯度与色彩的节奏

在搭配软装色彩的过程中，需要注意不同色系在空间中的重复，以形成色彩在空间中的节奏感，最简单的方法就是选择几组颜色在空间中不断地重复。下图所示是由蓝色系与黄色系色彩组成的色彩排列，通过对色彩明度、纯度、色相、面积的变化，呈现出一种节奏感，同时"视觉调和"后的色彩中还呈现出一种隐形的绿调。

下图所示的软装色彩分别由牡丹红、暗胭脂红、湖蓝、黑色等组成。

红色系在画面的节奏构成如下。

C3 M61 Y30 K0	C85 M50 Y57 K8	C8 M87 Y89 K0	C74 M8 Y20 K0	C1 M88 Y96 K0	C26 M7 Y15 K0	C2 M44 Y41 K0	C36 M27 Y19 K0

下图所示编号❶为红色系在画面中的分布；编号❷为蓝色系在画面中的分布；编号❸为黑色系在画面中的分布。装饰画将整个空间的色系囊括在内，通过分析能够发现，整个软装方案的色彩搭配思路是将装饰画中的色彩提取出来，分别应用到家具、摆件、装饰文字和屏风上。

3.3.3 通过色彩的互换体现节奏感

在软装搭配中，有时为了使不同色彩之间能更好地融合，也可以选择在包含有彼此色彩的不同产品中进行搭配，通过色彩的互换来体现色彩的节奏，使不同产品之间的色彩呈现你中有我、我中有你的效果。

你中有我、我中有你的色彩交换，形成色彩的节奏感

下图所示为橘色与灰色为主体的色彩搭配，灰色沙发与橘色单椅放置在一个空间时，为了使两者的色彩能更好地融合，将椅子的颜色提取出来，用一块橘色布毯与沙发搭配。

C7 M53 Y87 K0	C87 M75 Y67 K51	C44 M90 Y98 K5	C11 M10 Y15 K0	C66 M53 Y74 K9

3.4 统一融合的色彩关系

在色彩搭配中，表现色彩的变化相对比较容易，而要得到统一和谐的色彩却比较难，需要设计师通过一些配色技巧去实现。统一融合的色彩搭配更容易表现高雅和有品质感的室内空间。

下页上方图所示的室内空间中，软装搭配选用与硬装同色系的产品，空间显现出一种低调的奢华感。

张清平作品

C40 M34 Y47 K1	C64 M56 Y75 K10	C84 M72 Y73 K85	C145 M61 Y89 K3	C21 M17 Y55 K0

常用的统一融合的色彩搭配方法有以下几种。

第1种：增加同一色相的颜色。

第2种：统一明度。

第3种：互换色彩。

第4种：色彩渐变。

第5种：增加黑白灰。

第6种：统一色价。

3.4.1 **通过增加同一色相融合色彩**

色相的差异越大，画面就越活泼，越不安定；色相的差异越小，画面就越统一，越安定，越容易获得统一和谐的画面效果。

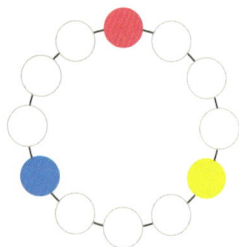

色相差异大，呈现出强调的效果

色相差异小，呈现融合统一的效果

要使色彩融合，最简单的办法就是减少色彩的数量，这样可以使画面效果统一、和谐。

下面左图中两种不同色彩的餐椅与餐桌上的花艺色相差异大，各软装元素之间形成强烈的色彩对比，作为就餐环境显得过于喧闹；右图则搭配近似色彩的软装元素，色相差异小，软装产品的色彩统一在背景色中，空间显得和谐。

| C5
M93
Y28
K0 | C79
M18
Y20
K0 | C60
M88
Y87
K15 | C7
M5
Y95
K0 | | C78
M46
Y48
K4 | C35
M4
Y16
K0 | C42
M59
Y87
K2 | C56
M41
Y42
K2 |

色相差异大，显得喧闹　　　　　　　　　　　　色相差异小，显得安静

虽然可以通过缩小色相的差异获得和谐统一的色彩，但空间的使用功能与色彩之间的关系同样是需要考虑的。餐饮空间不适合大面积的冷色，因为暖色更容易增进人的食欲。国外有研究者将同一食物安排在不同的色彩氛围中供食客享用，食客普遍感觉在暖色环境中的食物比冷色或中性色环境中的食物更美味。

暖色更容易让人联想到火锅、蛋糕、橙汁等食物；冷色更容易让人联想到大海、天空、植物，如果用在食物上，就很难激发食欲。

暖色调　　　　　　冷色调

暖色的食品给人健康的感觉

冷色的食品让人怀疑食品的新鲜程度

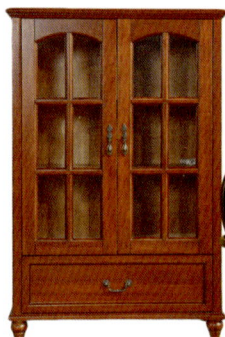

餐厅选用暖色调更能调动食欲

色相差异大的家具显得耀眼

色相差异小的家具表现出优雅与稳重

3.4.2 通过统一明度融合色彩

在软装色彩搭配中，统一明度是快速使色彩融合、统一的有效方法。有些软装搭配为了表达某种风格或营造某种气氛，会使用比较多的色相进行搭配，在多色相搭配时统一缩小明度对比值，能很好地融合色彩，得到丰富和谐的色彩搭配效果。

需要注意的是，当色相对比强烈时，通过缩小明度对比值可以抵消因多色相强对比产生的不安定感，但针对同类色或同一色的色相弱对比的情况，则需要适量提高明度对比值。如果色相对比较弱，明度对比也比较弱的话，画面会显得过于平淡，没有生气。

多色相明度对比强烈，
表现出鲜明的色彩关系

减小明度对比值，
会显得稳定融合

色相弱对比的情况下，
适当提高明度对比能获得较好的色彩搭配效果

明度差别大时，视觉效果强烈

明度差别小时，显得有品质、高雅

下面左图的黑色沙发与深灰色地面和墙形成的明度差别过大，空间显得生硬，缺乏柔和感；在右图中通过调整沙发、画框、柜子的颜色，适当降低明度对比，使空间显得更柔和，融合感更强。

下图中的色彩明度比较接近，空间色彩显得单调。

通过更换沙发上的抱枕，增加红色和黄色，强调沙发的主角地位，然后更换中间的装饰画，将红色延伸到装饰画和右边的书法落款上，再将花艺色彩换成黄色，这样抱枕的颜色就不会显得孤立、突兀。

C13	C22	C50	C51	C75
M10	M23	M98	M69	M79
Y11	Y26	Y98	Y100	Y68
K0	K0	K28	K15	K33

下页上方图中女孩房间采用同色系，明度对比适当减弱，更能体现柔和、温馨的环境。

C4 M16 Y13 K0	果肉粉
C22 M23 Y26 K0	高级灰
C12 M50 Y47 K0	豆沙红
C17 M29 Y21 K0	藕粉
C29 M13 Y18 K0	青灰

3.4.3 通过色彩互换融合色彩

在软装搭配中，色彩互换是一种常见的手法，这样可以使色彩之间不会显得孤立，通过色彩互换能达到融合统一的效果。在软装中可以选择两种或两种以上的产品，使其包含同一色彩，如沙发上的抱枕选用窗帘的色彩及花色，窗帘花边、吊穗等配件选用沙发的色彩。

当黄色只有一处出现时，显得孤立

当黄色重复出现时，配色显得更融合

空间主角沙发的色彩没有与其他元素互换，色彩显得混乱

将沙发的色彩与其他元素互换，色彩既丰富又融合

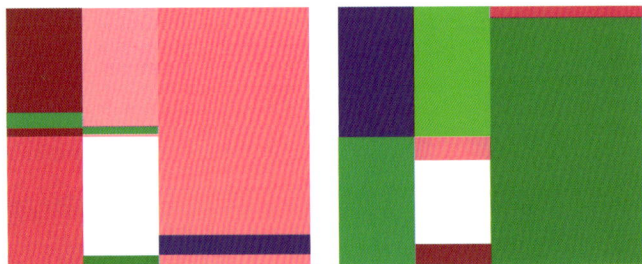

将冲突感强的两组色彩进行色彩交换，可以有效地减弱冲突

通过色彩渐变融合色彩

　　渐变是形式美学的重要形式，当色彩以渐变的形式出现时，可以将冲突的色彩融合。使用两种或两种以上的色彩进行渐变排列，可以使色彩显得更协调。色彩渐变的形式有明度渐变、色相渐变与纯度渐变。

当色相以强对比的方式排列时，色彩的冲突感强

当色相以彩虹的顺序渐变排列时，色彩变得有秩序

当强对比色彩均匀排列时，色彩的冲突感强

当强对比色彩以渐变的方式逐渐过渡到另一色彩时，冲突感减弱，融合感增强

　　下图中标注 1~5 的元素分别按红、橙、黄、绿、蓝的顺序作色相渐变排列，画面色彩丰富、协调。

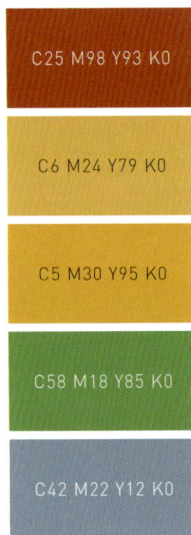

C25 M98 Y93 K0

C6 M24 Y79 K0

C5 M30 Y95 K0

C58 M18 Y85 K0

C42 M22 Y12 K0

3.4.5 通过增加黑白灰融合色彩

使用黑白灰作为协调色，可以使色彩搭配更融合。在实际的软装搭配中，黑白灰可以是任何色彩的协调色。黑白灰既可以作为协调色使用，也可以作为搭配的主题色，通过一定比例的搭配同样可以营造出优美的色彩空间。比较下图所示的三组色彩组合，会发现加入白色之后画面显得更加协调，融合感更强。

画面缺乏稳定感，融合感弱   加入黑色后，画面变得稳定，融合感强

3.4.6 通过统一色价融合色彩

色彩本身没有价格差别，这里讨论的色价是指不同的色彩给人心理上的价值差别。同样造型的产品，采用不同的色彩可能会给人不同的价值感，所以高价值的软装产品应该选择相应的色价。就一般情况而言，高纯度的色彩的色价大于低纯度的色彩的色价，色彩厚重的色价大于色彩轻薄的色价。在 24 色相环中，不同的色相之间也存在着色价差别。

色彩纯度高，色价高   色彩纯度低，色价低   色彩重，色价高   色彩轻，色价低

色价差别比较大，画面显得不稳定

通过提高蓝色、粉色、黄色的色价，画面显得更稳定

色价高的纯色

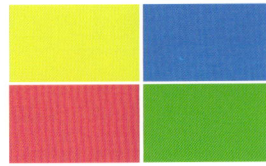

色价低的纯色

下图中画面色价不统一，特别是使用了较多低色价的黄色，使画面显得烦躁。

通过增加黄色的色价（更换成偏红的黄色），降低蓝色屏风的色价(更换成木色屏风),降低红色色价(更换成包含彩色少的柜子），使画面色彩关系变得和谐。

第4章

不同软装风格的
色彩搭配方法

各软装风格有一些固定的用色习惯，本章
通过对各种风格色彩印象进行探讨，试图
找到不同软装风格的色彩搭配方法，帮助
读者在进行不同软装风格的色彩搭配时，
能快速找到用色思路。这里要说明的是，
某种风格的色彩印象不能被理解为一种固
化的模式，色彩搭配设计与其他设计一样
都是一个创造性的过程，首先需要找到规
律，然后才能突破规律，只有当设计师的
思维不被束缚时，才会有真正出彩的设计。

4.1 欧式风格色彩搭配

欧式风格致力于营造有档次、有品位的居住环境，空间讲究高贵、华丽、奢华，是有一定生活品质要求及消费能力的人士特别喜爱的风格。

欧式风格大多以华丽的色彩为主，会比较多地使用丝绸、金属类的材质。

欧式风格在不同的历史时期及不同地域存在较大的差异，如洛可可风格通常使用嫩绿、粉红、玫瑰红等鲜艳的浅色调，色彩清新、淡雅、柔情。

洛可可风格色彩印象

下图所示为洛可可风格的室内建筑，金色与粉色的搭配再加上水晶灯，使整个空间呈现出一种辉煌、瑰丽、柔和的色彩搭配效果。

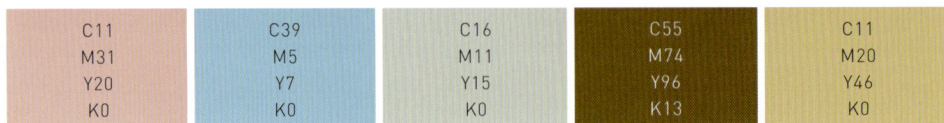

C11 M31 Y20 K0	C39 M5 Y7 K0	C16 M11 Y15 K0	C55 M74 Y96 K13	C11 M20 Y46 K0

巴洛克风格则会用到大量的金黄色；而维多利亚风格用色大胆，色彩绚丽，对比强烈，突出豪华和大气。

巴洛克风格色彩印象

下图所示为巴洛克风格的室内建筑。巴洛克风格盛行的时期，大量财富涌入欧洲，造就了巴洛克风格的辉煌特征，咖色、金色成为其主色调。

C9 M18 Y64 K0

C61 M71 Y99 K17

C15 M21 Y36 K0

C57 M86 Y96 K16

C11 M20 Y46 K0

4.1.1 古典欧式色彩搭配

古典欧式风格运用的色彩比较凝重和沉稳，追求和谐、统一的色彩搭配效果，很少运用对比色。古典欧式风格色彩以温暖的米色、咖色、金属色（铜、玫瑰金）为主，这就是所谓的"米、金、咖"的色彩搭配系列。

古典欧式风格色彩印象

下图中深咖色的门和单椅边框搭配米色大理石与布艺，再加上铜质感的金属烛台，整个室内空间在暖色的灯光下熠熠生辉。

C10 M66 Y98 K0

C58 M96 Y96 K18

C15 M21 Y36 K0

C3 M47 Y92 K0

C72 M46 Y44 K2

下图的室内空间色彩搭配在"米、金、咖"色系的基础上增加了黑白灰，使空间的色彩更趋向于冷静，黑与白在空间中形成强烈的对比，古典的墙面造型与现代的灯具搭配，形成强烈的视觉碰撞，使空间的视觉效果更为强烈。

C12 M60 Y93 K0	C78 M72 Y76 K52	C61 M80 Y87 K16	C21 M41 Y80 K0	C12 M27 Y49 K0

在古典欧式风格的色彩搭配中，金属往往出现在收边处或以小面积的形式存在，如台灯的灯座、烛台或家具的边线及桌椅腿的末端。

C28 M89 Y79 K25
C33 M59 Y89 K19
C22 M40 Y93 K2
C6 M16 Y20 K0

古典欧式吊灯和壁炉等有复杂的花饰，与铁艺结合打造出华丽、高贵、精致的视觉效果。在保留贵族气息的同时，软装设计师必须思考如何在空间中加入现代元素。大多数设计师会通过布艺、摆件、花艺等元素提亮空间的色彩。下图中天花板、地面、墙面的色彩以"米白天、杏黄、咖"色为主色调，但设计师在墙面安排了中式元素的壁纸，壁纸的花鸟画选用青色，这样的搭配早在欧洲路易时期就非常普遍，古铜几何形镂空灯具给空间增添了些许现代气息。

C1 M39 Y85 K0	C43 M89 Y98 K4	C12 M11 Y16 K0	C61 M27 Y24 K0

4.1.2 简欧风格色彩搭配

简欧风格的色彩轻快、明朗，在简欧风格里包含了一些现代的色彩元素，如大面积使用白色系列、亮灰颜色，在搭配手法上也比古典欧式风格更加灵活。

下页上方图所示的空间色彩以米白色为主色调，通过窗幔、单人沙发的边框材质以及圆几台面的黑色与之形成高长调的色彩对比，使空间色彩明朗而有层次；在壁炉、地面以浅咖色作色彩的衔接与过渡，使空间更柔和；通过灯具、圆几、壁炉的金属以及沙发的皮革材质，使空间的品质感得到提升。

C75 M68 Y67 K90	C33 M59 Y89 K19	C65 M58 Y57 K37	C43 M31 Y69 K5

  在下图中，空间的硬装界面及家具的色彩以白色为主，整个空间洁静、淡雅，同时配以纯度较高的黄色与宝石绿色，再辅以少量的金属，使空间显得简约而时尚。

C81 M38 Y57 K17	C76 M38 Y38 K6	C11 M29 Y78 K0	C20 M17 Y28 K0

4.1.3 斯堪的纳维亚风格色彩搭配

　　斯堪的纳维亚风格指的是北欧斯堪的纳维亚半岛的风格。在 20 世纪 20 年代后期，包豪斯学院推崇的功能主义也影响到了斯堪的纳维亚半岛各国。斯堪的纳维亚风格主要以黑白灰为主色调，搭配原木色。

| C69 M53 Y42 K16 | C19 M18 Y15 K0 | C11 M8 Y5 K0 | C70 M63 Y62 K59 |

　　为了避免斯堪的纳维亚风格过于冰冷，在把握住总体色彩倾向的前提下，可以使用一些纯度极高的暖色家具、装饰画和陈设摆件。如红色和黄色搭配，空间中的红色与黄色通过视觉混合可以产生橙色的感觉，而橙色又是极暖的颜色。

　　下图中的单椅、书架上红色的书、搁板上的红色花盆有节奏地出现在空间中，再加上放置于地面与墙上的装饰画以及空间中的黄色元素，使空间倍显温暖。

C10	C19	C12	C18	C28
M6	M37	M27	M84	M5
Y6	Y94	Y49	Y74	Y22
K0	K0	K0	K0	K0

4.1.4 法式风格色彩搭配

法式风格以浪漫温馨著称，弥漫着复古的贵族气息。这种舒适与优雅让人联想到庄园、钢琴、舞会、晚礼裙，所以法式风格一直都受到年轻女性的追捧。

下页上方图的色彩搭配虽然不是典型的法式风格，但是整体的色彩感觉却充满了法式的浪漫。咖色地板、深咖色单人沙发的木质骨架与粉色窗帘、米白色墙面的搭配，使得空间显得十分柔软。不过，只有这些色彩，空间略显无趣，墙面的橙色与蓝色"相撞"似乎将这浪漫点燃，地毯画、金属圆几上的暖色与冷色自然是这"相撞"的结果。地面与墙面这样的呼应安排，使得空间灵动而和谐。

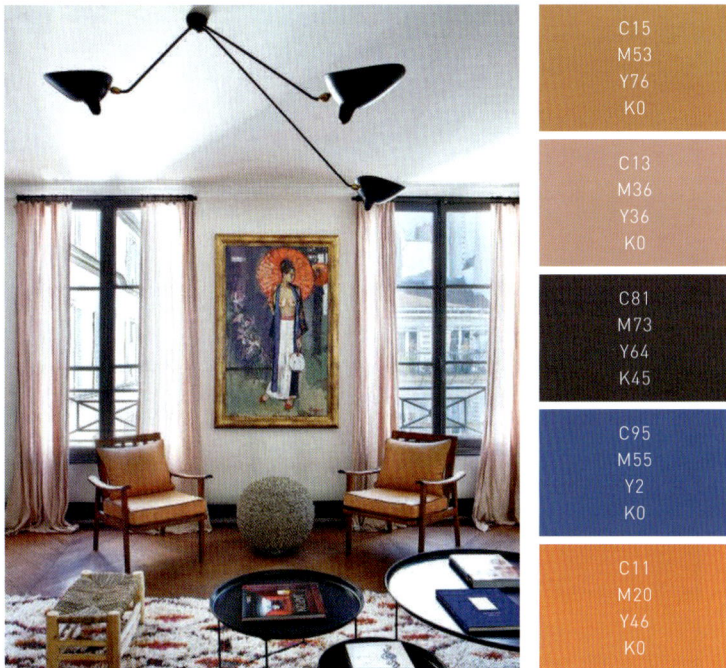

C15 M53 Y76 K0	
C13 M36 Y36 K0	
C81 M73 Y64 K45	
C95 M55 Y2 K0	
C11 M20 Y46 K0	

下图中以黄色、粉蓝色和米色进行搭配，使整个空间显得安静、温暖、舒适。

C53 M29 Y58 K0	
C48 M42 Y69 K0	
C18 M47 Y87 K0	
C4 M9 Y24 K0	
C64 M92 Y94 K67	

　　从法国电影《绝代艳后》的剧照中，能够看到法国路易十五至路易十六时期纯正的法式洛可可风格，其以粉蓝、粉绿、粉红和金色相结合，表现出法式风格特有的柔情与奢华，再加上欧式风格的软装产品，将法式风格的轻快、精致、细腻、繁复表现得淋漓尽致。

下图中的蓝灰色墙面、石青色桌子与带蓝色元素的地毯构成大面积的蓝色基调，椅子上的布艺与红色的帷幔配上浅藕粉布帘，色彩比例恰到好处。画面的红色中带有一些蓝色的成分，使空间更加和谐统一。

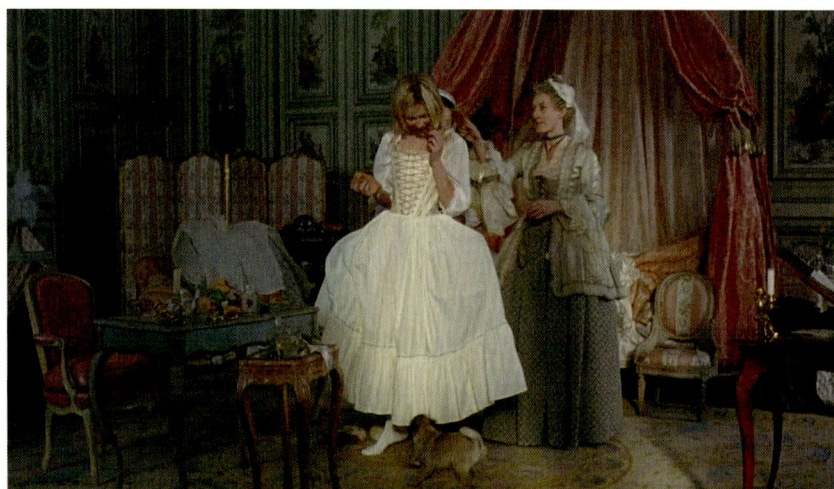

| C60 M26 Y29 K0 | C54 M90 Y82 K9 | C71 M53 Y58 K8 | C35 M89 Y76 K1 | C64 M92 Y94 K67 |

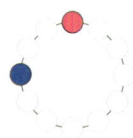

4.2 东南亚风格色彩搭配

东南亚风格的家居设计以其来自热带雨林的自然之美和浓郁的地域特色风靡世界。东南亚风格注重手工工艺，拒绝同质、乏味。

4.2.1 泰式风格色彩搭配

东南亚风格的色彩以自然质朴而著称，但不同地域在色彩上又有自己的特点。泰式风格喜欢运用浓烈的色彩，热带水果的色彩与地域文化造就了泰式风格独特的色彩搭配，传递出豪放与热情。实木、藤编、竹子是其常用的材质，也常使用塔尖、木雕、金箔、瓷器、彩色玻璃、珍珠等镶嵌装饰。当清凉的藤椅、泰丝抱枕、精致的木雕、造型逼真的佛手、妩媚的纱幔等和谐地兼容于一室时，我们便能感受到泰国的独特热带文化与氛围。

泰式风格色彩印象

黄色、红色、青色是泰式风格的建筑与室内空间中典型的色彩搭配

泰式风格色彩搭配需要根据项目的具体情况加以调整，其中更重要的是要符合空间的属性，而不是机械地套用固定的风格色彩模式。

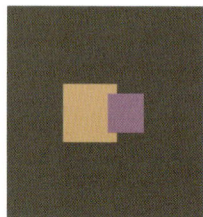

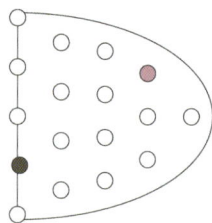

无彩色与木色衬托出
具有泰式韵味的粉紫色

郑又铭设计

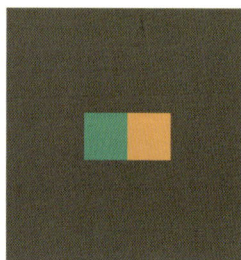

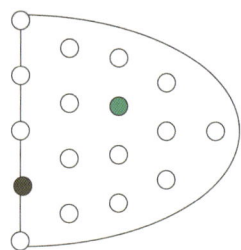

薄荷色与木色在大面积
无彩色的映衬下更显典雅

郑又铭设计

C44 M49 Y36 K1	C47 M74 Y95 K6	C69 M63 Y15 K0	C64 M59 Y76 K11	C52 M13 Y58 K0

4.2.2 印度尼西亚风格色彩搭配

印度尼西亚风格的家具色彩柔和，喜欢选用自然木色，造型也比较简单，很少能看到精细的雕刻。印度尼西亚风格的色彩搭配以米色、白色、原木色为主，整体色彩搭配给人一种清雅、休闲的感觉。

印度尼西亚风格与泰式风格相比，泰式风格色彩丰富、华丽，具有鲜明的文化烙印，印度尼西亚风格则更淡雅、简约；泰式风格及色彩更适合异域风情的室内空间，而印度尼西亚风格则具有更广泛的接受度。东南亚风格的酒店设计很多都选用了印度尼西亚风格的装修。

印度尼西亚风格色彩印象

下图所示为印度尼西亚风情的餐饮空间设计作品。在色彩搭配上以原木色、深灰色、白色为主，配以绿色和翡翠色。在这个方案中需要特别说明的是，设计师将墙面的热带雨林图案用灰色呈现是一个很好的选择，虽然绿色是人人喜爱的色彩，但是在本方案中以灰色衬托原木色的餐台更适合该空间。

C6 M18 Y35 K0
C77 M73 Y73 K45
C15 M20 Y23 K0
C82 M48 Y45 K4
C43 M31 Y85 K1

图片来源：建 E 室内设计网

4.3 美式风格色彩搭配

美式家具的油漆特别喜欢做旧工艺，家具表面有很多"瑕疵"，如虫蚀的木眼、火燎的痕迹、锉刀痕、铁锤印等，通过这种特殊涂装工艺来体现其历史的厚重及家族传承。至于装饰上，美式家具仍延续欧洲家具的风铃草、麦束等图案。传统美式风格的色彩大多喜欢用明度偏低的颜色，色调上高度统一；材质上喜欢使用原木、皮革、铁艺、古铜、棉麻等，营造一种仿佛受到过岁月磨砺的痕迹，迎合了人们的怀旧之情和向往自然的内心渴求。

原木

皮革

铁艺

古铜

棉麻

4.3.1 美式古典风格

美式古典风格在材质和色调上都显得比较粗犷，摈弃了巴洛克和洛可可风格所追求的新奇与浮华，用色一般以单一色为主，最经典的色彩搭配为米色＋咖啡色。

 ＋  ＝经典美式风格

米色　　　　深咖色

下图所示的室内空间通过雅致的米色壁纸搭配咖啡色木质家具和仿古砖，营造出无限温馨的视觉效果，白色沙发与浅色做旧木质家具打破了美式风格一贯的凝重感，为空间增加了现代气息。

C53 M69 Y90 K8

C9 M13 Y29 K0

C72 M85 Y87 K45

C32 M26 Y23 K0

C32 M18 Y17 K0

4.3.2 美式乡村风格

美式乡村风格的经典色彩搭配为深咖色 + 绿色 + 红色 + 白色。

美式乡村风格色彩印象

美式乡村风格的沙发多采用纹理清晰的麻布纤维和绒布作为沙发面，图案以大型的花朵或者条纹为主，倡导"回归自然"。美式乡村风格的家具依然以原木自然色调为基础，为了使空间显得放松休闲，会加入绿色、白色作调和。在墙面、家具和陈设品的色彩选择上，多以自然、怀旧、散发着质朴气息的色彩为主。下图用少量红色在布艺等元素上做点缀色，整体朴实、怀旧、贴近自然。

C56 M77 Y94 K3

C9 M13 Y29 K0

C18 M27 Y51 K0

C75 M50 Y93 K18

C31 M20 Y47 K0

4.3.3　现代美式风格

现代美式风格追求自然轻快的色彩感觉。现代美式风格是在古典美式风格的基础上进行简化的结果，喜欢以白色作为空间的基础色。下图所示的软装方案，整体以白色为基调，单人沙发与玄关柜为美式风格家具造型，加上欧式烛台与具有美式韵味的装饰画，以及壁灯与绣墩的铜材质，都使空间指向美式风格。不过家具在古典美式风格的基础上做了简化，使方案充满现代气息。

C8 M8 Y14 K0	C9 M13 Y29 K0	C18 M27 Y51 K0	C4 M7 Y48 K0	C61 M89 Y96 K21

4.4 民族风格色彩搭配

民族风格是一个民族在长期的发展中形成的本民族的艺术特征，它是一个民族的社会结构、经济生活、地域文化的综合体现。民族风格带有很强的地域与民族特色，个性非常强烈。民宿及一些个性化室内空间特别喜欢使用民族风格的装修。

4.4.1　波希米亚风格色彩搭配

波希米亚风格颜色鲜艳，常用红色、紫色、蓝色等浓重深厚的颜色装点空间，整体色彩丰富、饱满，繁复的图案与装饰给人强烈的视觉冲击。

波希米亚风格室内设计是另类的奢华，具有高贵的个性和崇尚自由的特点，体现了单纯、休闲的生活方式。波希米亚室内装饰中常使用藤编的餐椅、镂空的装饰、木质家具和自然花朵图案的窗帘等元素，体现出简洁、自然、清新的室内空间效果。

C89	C81	C30	C17	C35
M71	M30	M89	M81	M42
Y30	Y49	Y84	Y3	Y78
K2	K1	K0	K0	K1

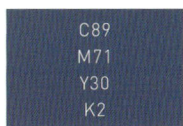

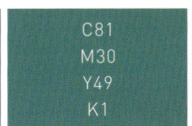

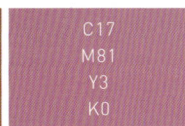

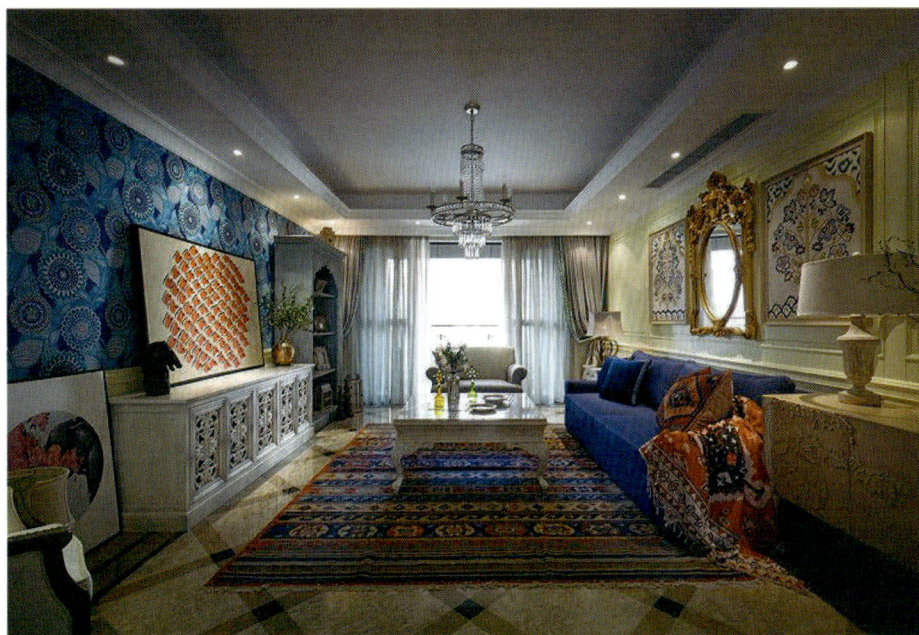

西派国际设计：壹阁团队　软装设计：钟莉

4.4.2　摩洛哥风格色彩搭配

　　摩洛哥人喜欢绿色和红色，如果想表现出摩洛哥风格中那种光彩夺目的美，可以使用鲜艳的色彩，如亮蓝、紫色、天蓝、红色、粉红和绿色；或者使用当地的土色色调，设计出比较柔和的环境。

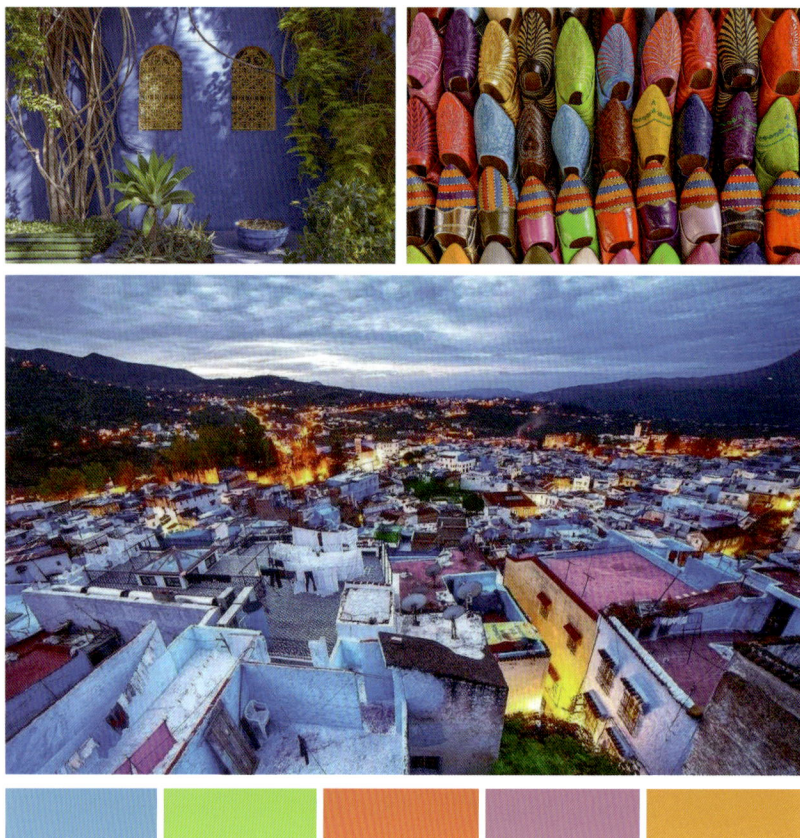

摩洛哥风格色彩印象

　　下图所示为摩洛哥风格的软装搭配方案。为了更适合居住空间，方案的基础色选用了米白色，将摩洛哥风格跳跃的色彩用在布艺、相框、家具等局部细节中。

C4 M10 Y15 K0

C55 M3 Y16 K0

C86 M40 Y98 K8

C4 M19 Y61 K0

C19 M93 Y84 K0

4.4.3 我国苗族风格色彩搭配

要分析苗族的色彩搭配，可以从其服饰入手。苗族服饰闻名于世，不仅是因为其款式多样、造型独特、工艺精湛，更是因为其色彩运用的大胆。黔东南一些苗族地区的服饰以黑色布料为底，主体纹样使用深红色或橘红色，形成大片的红色块，再配以天蓝、纯白等颜色，形成苗族独特的色彩搭配。

| C1 M100 Y95 K0 | C5 M7 Y74 K0 | C89 M82 Y65 K65 | C100 M83 Y0 K0 | C79 M3 Y99 K0 |

苗族风格色彩印象

要想设计好民族风格的室内空间，需要对其地域文化进行全面的分析，提炼出具有民族风格的色彩与文化符号。下图所示的酒店设计展示了既充满苗家风味、又带有现代简约风格的新中式室内空间。

从苗族用的水车提炼出的造型用在酒店门外，同时提炼出木色。

苗族的舞蹈与地面石材的拼花具有同样的律动感，从中提炼出黑色与灰色。

竹是苗族最常用的材质之一，竹编在顶部空间的应用既能增添自然气息，又能映衬民族风格，可从中提炼出竹子的颜色。

将苗族的纹样与图案应用到墙面，苗族的民族风格立即突显出来，可从中提炼出红色和蓝色。

C3 M25 Y81 K0

C36 M55 Y84 K1

C89 M82 Y65 K65

C100 M83 Y0 K0

C79 M3 Y99 K0

设计师杨光海作品

4.5 中式风格色彩搭配

　　中国是一个地域广阔、民族众多的国家，可以挖掘的文化元素实在太多，其色彩的表现也丰富多样，本节讨论的是典型的中式室内设计色彩。作为室内软装设计师，研究色彩的主要目的应该是去理解这些色彩搭配和提高审美体验，并不是去还原色彩。

4.5.1　秦汉风格色彩搭配

　　秦汉时期的家具大气稳重，色彩主要以红色和黑色为主，有时会采用黄色。

秦汉风格色彩印象

　　下图的方案，主题名称为"大艺术家·观堂"，主要以红色和黑色为主，充分体现了中式风格的恢弘与大气。

室内建筑设计：PINKI DESIGN　软装设计：TATS 大艺术家软装设计

C14 M88 Y89 K0	C86 M72 Y74 K73	C69 M83 Y90 K35	C5 M23 Y67 K0	C45 M38 Y35 K0

4.5.2　青花瓷色彩的提取与应用

　　青花瓷是我国陶瓷烧制工艺的珍品，是我国瓷器的主流品种之一，属釉下彩瓷。青花瓷是用含氧化钴的钴矿为原料，在陶瓷坯体上描绘纹饰，再罩上一层透明釉，经高温一次烧成。明清时期，还出现了青花五彩、孔雀绿釉青花、豆青釉青花、青花红彩、黄地青花、哥釉青花等衍生品种。

　　青花瓷是我国文化元素中的经典，青花瓷的色彩也是我国具有代表性的色彩之一。

C80 M76 Y53 K17	C83 M67 Y28 K0	C43 M22 Y20 K0

青花瓷色彩印象

下图是来自建 E 室内设计网的《青花瓷》主题室内设计，作品传达出高贵、典雅、清新的气氛，青花瓷的色彩以不同的方式置于空间中，茶几上的茶具、地毯、挂画、案上的摆件、台灯等都有青花瓷的元素，卧室中主要是通过布艺的局部色彩来呼应青花瓷的色彩。

施少芬的作品

C94 M54 Y0 K0	C98 M89 Y0 K0	C84 M73 Y82 K87	C6 M5 Y17 K7	C52 M85 Y90 K8

4.5.3 中国红色彩的提取与应用

红色是中国人历来都喜欢的颜色，它代表喜庆、热烈、吉祥。特别是到了传统节日春节，更是"红遍"大江南北，呈现出一片祥瑞的景象。千百年来，中国红的神韵展现着无尽的风华，承载了我国人民太多的希冀，甚至成为一种文化标志。

中国红色彩印象

下图所示为中国红主题的室内空间设计，该设计将基础色（墙面）做成红色，用家具的木色作为主题色，将茶具与盆栽用对比色搭配，营造出统一和谐的空间效果。

设计师：林卫平

| C23 M99 Y96 K0 | C1 M25 Y53 K0 | C4 M60 Y84 K0 | C49 M29 Y67 K1 | C58 M86 Y82 K9 |

4.5.4　黄色的提取与应用

黄色在心理上给人轻快、充满希望和活力的感觉。在中国古代，黄色作为皇家的专用色彩，代表着帝王绝对的权力，民间是禁止使用黄色的。

黄色色彩印象

下页上方图所示的方案中，柜子与后面的屏风表现出江南美景的雅致，通过摆件、单椅与地毯的黄色给方案增添了些许贵族气息。

C9 M21 Y96 K0	C25 M59 Y98 K0	C12 M5 Y83 K0	C51 M22 Y10 K0	C58 M86 Y82 K9

4.5.5 水墨色彩的提取与应用

　　水墨画是中国独有的绘画形式，是通过调配水和墨的浓度所画出的画，水墨画被视为中国传统绘画的代表。水墨画形成水乳交融、酣畅淋漓的意境，正是中国文人崇尚自然、天人合一、寄情于山水的精神写照。

水墨色彩印象

下图所示为一个商业空间的室内设计，该项目位于黄姚古镇，古镇风景秀丽，有着近 1000 年的历史。作品以黑、白、灰为空间主色。设计师将岭南特有的古建筑元素运用于整个空间，置身其中仿佛游走于泼墨山水画之中。

魏宜辉的作品

C82	C73	C55	C22	C58
M73	M67	M65	M17	M70
Y72	Y64	Y60	Y12	Y91
K77	K24	K4	K0	K13

4.6 现代风格色彩搭配

现代风格起源于德国魏玛的包豪斯学院。现代主义也称功能主义，是社会工业化发展的产物。现代风格追求时尚与潮流，非常注重居室空间的布局与使用功能的完美结合。现代风格的色彩与传统风格的区别是：现代风格的用色更大胆、不拘一格、紧跟时代审美倾向。现代风格经历了 100 多年的发展变化，出现过非常多的风格倾向，每种风格倾向都有其独特的色彩。

4.6.1 波普风格色彩搭配

波普风格在 20 世纪 50 年代初期诞生于英国，又称"新写实主义"和"新达达主义"，是一种流行风格。波普风格采用高纯度的颜色并置对比，表现出夸张的艺术气质。它反对一切虚无主义思想，通过塑造那些夸张的、视觉感强的、比现实生活更典型的形象来表达一种另类的写实主义。

波普风格色彩印象

波普风格采用"全色相"的色彩搭配，在空间中会使用对比色甚至互补色进行搭配。下图所示为波普风格的室内空间，运用了大量的无彩色（黑白灰）来平衡色彩的冲突关系，让空间跳动但不躁动。

李文彬的作品

| C7 M41 Y1 K0 | C5 M7 Y94 K0 | C98 M62 Y0 K0 | C84 M73 Y72 K87 | C1 M96 Y78 K0 |

4.6.2 ART DECO 风格色彩搭配

ART DECO 风格源自欧美 19 世纪的新艺术运动，是当时中产阶层追捧的风格。ART DECO 风格追求工业革命时代的技术美感，机械式的、几何的、纯粹装饰的线条是最常用的装饰手法。比较典型的装饰图案有：扇形辐射状的太阳光、齿轮、流线型线条、摩天大楼退缩轮廓的阶梯图形、鲨鱼纹、斑马纹、曲折锯齿图形、粗体与曲线组成的图案等。喜欢用明亮且对比强烈的颜色彩绘，具有强烈的装饰意图。红色、粉红色、蓝色、黄色、橘色、金色、银白色和古铜色等都是 ART DECO 风格常用的色彩。

因为 ART DECO 风格用了比较多的金属，所以空间具有轻奢的质感，同时其造型也具有强烈的现代感。直到今天，ART DCEO 风格仍然是有一定品质要求的客户所喜欢的风格。

下图所示为 ART DECO 轻奢软装搭配方案，时尚的家具造型，纯净的色彩，通过橘红与祖母绿的对比，使整个空间的色彩充满视觉张力，同时又通过葱绿和海棠色进行调和，使强烈的色彩对比不至于太生硬，从而产生华而不俗的视觉效果。家具的金属收边与充满 ART DECO 风格的墙面装饰和灯具充分体现出空间的品质。

FRENCH BEAUTY

C82 M47 Y89 K11

C67 M32 Y52 K1

C4 M58 Y75 K0

C18 M95 Y89 K0

C3 M20 Y41 K0

第5章

不同室内空间的
软装色彩搭配方法

软装色彩搭配中，最主要的是整个空间要根据所
要表达的主题通盘考虑，这样才能做到室内空间
色彩的统一。只有从整体出发，设计作品才不会
显得凌乱，这是软装设计配色的大前提。各个空
间有其特有的属性，在进行空间搭配时，必须充
分考虑到每个空间的形态、尺度、材质、光线等
因素，才能保证大空间色彩的和谐统一与局部细
节的完美呈现。家居空间色彩搭配没有固定的模
式，搭配的思路与方法也是千差万别，但色彩的
搭配万变不离其宗，本章旨在提供家居空间软装
搭配的一些思路，供读者参考。

5.1 玄关空间的色彩搭配

玄关对于整个家居空间来说是非常重要的，它是整个空间的门户，空间色彩搭配的基调就是从玄关开始的。玄关是大门和客厅之间的缓冲地带，在做玄关区域的色彩搭配时，多以高明度、典雅的色彩为主，要避免使用厚重昏暗的颜色，否则会产生压抑的感觉。下图所示为不同的玄关色彩印象。

高档优雅的玄关色彩印象　　微全相型开放的玄关色彩印象　　文艺清新的玄关色彩印象　　明快时尚的玄关色彩印象

因为玄关区域的尺寸普遍偏小，所以在这个区域应该搭配具有扩张感的色彩。玄关区域的软装元素包括玄关柜（或鞋柜）、灯具、装饰画、装饰摆件、花艺、地毯、挂件等，这些都是构成空间色彩的重要元素。

武汉支点设计作品

5.1.1　巧妙利用视觉张力

在做玄关的色彩搭配时，首先要观察空间基础色（顶面、墙面、地面）是深色还是浅色。软装色彩既要与基础色保持统一，又要利用色彩的属性来增加空间的视觉张力。

高明度色彩具有扩张性　　低明度色彩具有收缩性

同等纯度下暖色具有扩张性　　同等纯度下冷色具有收缩性　　高纯度的色彩具有扩张性　　低纯度的色彩具有收缩性

同类色搭配时，高明度色彩的扩张性可以让局部产生视觉张力，从而达到丰富视觉效果的作用。

白色产生视觉张力

下图所示的玄关色彩元素非常少，除了木色玄关柜之外，就只有左边的瓷器有淡淡的色彩，其他都为无彩色，这样的色彩搭配有空灵、清悠的感觉。该空间明度最高的是柜门，柜的白色在木色玄关柜的衬托下充满视觉张力，而这样的张力又不会显得突兀，因为同一色彩搭配与其他雅致的元素（如笔架、毛笔、黑白水墨装饰画）会使这样的张力安静下来。

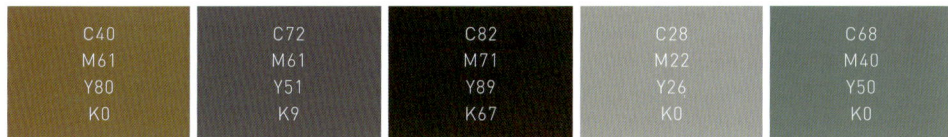

| C40 M61 Y80 K0 | C72 M61 Y51 K9 | C82 M71 Y89 K67 | C28 M22 Y26 K0 | C68 M40 Y50 K0 |

凡尘壹品设计作品

另外，通过使某一元素的纯度与其他元素产生巨大的差别，使其产生视觉张力，也可以达到丰富视觉效果的目的。

黄色的扩张性在无性（彩）色中显得突出

下页上方图中的玄关区域墙面为灰色，顶面为白色，挂画选用了纯度极高的黄色，空间中没有多余的元素，视觉张力显得很纯粹。

330m² 圣保罗 Eretz 公寓   Fernanda Marques 作品

  红色在家居空间中较少使用，但有时为了打破空间的沉闷感，需要使用具有视觉张力的红色去点亮空间、表达激情，如下图中的陀螺椅就运用得恰到好处。

成都本吉装饰设计工作室作品

红色产生视觉扩张感，面积控制恰到好处

5.1.2 利用好低明度基础色

　　玄关空间有时会出现深色基础色的情况。当基础色为深色时，在软装色彩搭配时不能只是简单地通过将色彩提亮来得到比较好的色彩效果。下面左图中装饰画与其他元素之间形成过于强烈的对比，反而"破坏"了空间主题所要营造的安静氛围。

　　装饰画的明度过高，对比强烈，使观看的视线被装饰画牵引，缺乏安定感。

调整思路

① 降低装饰画的明度，减少其与背景之间的对比。

② 增加高明度主题的摆件，使观看的视线回到中心位置，在空间获得安定感的同时，又表现出丰富的层次感。

5.1.3 多色玄关色彩搭配方法

　　玄关与门厅是整个家居空间的开端，很多时候需要通过一些色彩去"点亮"空间，使空间充满生命力。当我们提高色彩的纯度并进行多色软装搭配时，一定要注意把握尺度，无须将室内空间的每个房间的主色都提取出来堆砌在玄关中。过多的色彩会让我们无所适从，这里要学会做减法。

下图中画面色彩太多，缺乏视觉焦点。

	C4 M98 Y95 K0
	C76 M31 Y78 K1
	C7 M21 Y55 K0
	C4 M62 Y89 K0
	C4 M93 Y87 K1
	C33 M13 Y11 K0

调整思路

① 将蓝色吊灯更换为铜材质吊灯，只将玄关柜上的金属元素延伸到灯具，减少色彩数量。

② 更换装饰画，避免装饰画中烦琐的元素与玄关柜产生视觉冲突。

③ 去掉多余的布艺元素，减少元素数量，使画面更简洁。

④ 将窗帘更换成纯色，减少窗帘的色彩数量。

	C4 M98 Y95 K0
	C76 M31 Y78 K1
	C91 M66 Y61 K27
	C9 M28 Y73 K0

5.2 客厅空间的色彩搭配

客厅作为会客以及和家人共享休闲时光的空间，应该体现出主人的品味和审美取向，客厅是整个室内空间中应该重点打造的区域。不同的色彩组合会有完全不同的体验，下图所示为不同的客厅色彩印象。

具有时尚感的客厅色彩印象　　具有华丽感的客厅色彩印象　　具有浪漫感的客厅色彩印象　　具有古典感的客厅色彩印象

客厅的色彩搭配遵循两个方向：一是以风格为导向，在确定整个空间风格的基础上，依据风格的用色特点选用相应的主题色彩；二是以主人所期望达到的感觉为导向，这种搭配往往会先选择某一主题，然后以混搭的方式呈现。

5.2.1 客厅色彩搭配流程

1. 确定骨架色

体现客厅色彩最核心的 3 个要素为沙发、墙面、地板，这 3 个要素的色彩可以称为客厅的骨架色彩。在确定了骨架色彩后，再通过窗帘、抱枕、灯具、摆件来丰富客厅的色彩。本节通过一个具体案例来介绍客厅色彩搭配流程。

首先分析客户信息：喜欢欧式文化，希望打造一个时尚又带有轻奢感觉的空间。

根据客户的信息，我们选定以中世纪拜占庭风格为核心，选择有品质的欧式家具来打造该空间。通过分析提取拜占庭红、金色、庄严黑色为主题色，宝石蓝、宝石绿、水晶紫为辅助色。

主题色：拜占庭红、金色、庄严黑色

辅助色：宝石蓝、宝石绿、水晶紫

2. 确定骨架色的主要产品

　　根据定位确定家具色彩和造型，选择了与拜占庭元素相关的酒红色沙发和角几，以及黑色茶几、黄色单人沙发共同构成主题色彩。

　　当然，选择同样的主题色彩以不同的色彩序列排列，也会出现不同的色彩效果。下图虽然与上图选用相同或相近的色彩搭配，但是因为家具的造型与色彩的排列不当，所以没有得到令人满意的色彩效果。

黑色主沙发重心太靠后，金色茶几显得过于突兀

3. 添加辅助色

在茶几上添加绿色桌旗，下面添加兽皮地毯，强调了辅助色绿色，选用铜质灯具将地面的材质与色彩延伸至顶面。

在茶几和角几上添加摆件，增加了蓝色和水晶紫色等辅助色，再添加金属烛台和金属花盆，整个空间轻奢华丽的感觉得到充分体现。

| C9 M95 Y62 K0 | C5 M32 Y93 K0 | C82 M71 Y69 K67 | C84 M46 Y87 K10 | C33 M13 Y11 K0 |

5.2.2 客厅配色案例解读

1. 孔雀蓝和琥珀黄在客厅中的应用

下图中客厅的基础色为白色，孔雀蓝、琥珀黄为主题色，以卡其色、咖啡色、橄榄绿、浅绿松石色为辅助色，以酒红色为点缀色。

C82 M24 Y38 K0	C4 M22 Y87 K0	C23 M51 Y89 K0	C69 M67 Y95 K8	C23 M51 Y89 K0

高文安公司作品

客厅软装各元素色彩提取

主题色：

C82 M24 Y38 K0

孔雀蓝

辅助色：

C4 M22 Y87 K0	C23 M51 Y89 K0	C63 M89 Y80 K20	C69 M67 Y95 K8	C47 M19 Y37 K0
琥珀黄	卡其色	咖啡色	橄榄绿	浅绿松石色

点缀色：

C23 M51 Y89 K0

酒红色

软装元素色彩关系

① 孔雀蓝、琥珀黄搭配出安静和谐的主题色。

② 沙发抱枕的颜色分别选用主题色与点缀色，并且以对称的方式排列。

对称的色彩排列更容易获得均衡美感

③ 主沙发与贵妃榻沙发通过抱枕做色彩交换，使色彩在空间的节奏感得到加强。

色彩互换产生节奏美感

④ 卡其色、咖啡色、金属色、琥珀黄共同组成暖色系，分布在不同的元素中增添空间温暖的氛围，深色茶几将整个客厅的"色彩重量"锁定在客厅中心位置，加强了空间的平衡感。

2. 流行色元素在古典欧式客厅中的应用

咖色、棕色、米色和白色是古典欧式风格常用的色彩，虽然这样的色彩搭配是和谐的，但是如果能加入一些流行色元素，就能在客厅空间保持传统欧式感觉的同时拥有时尚的属性，让整个客厅空间的色彩搭配兼具包容性与时代感。

本软装方案的传统色彩有象牙黑、栗色、浅咖、米色等。

C80 M71 Y69 K56	C44 M87 Y97 K5	C13 M39 Y82 K0	C8 M11 Y25 K0
象牙黑	栗色	浅咖	米色

本软装方案的时尚色彩有孔雀蓝、青石蓝、樱草黄。

C90 M58 Y25 K1	C63 M23 Y34 K0	C4 M11 Y96 K0
孔雀蓝	青石蓝	樱草黄

3. 用绿色与原木色打造清凉夏日客厅

先确定以浅艾绿、松柏绿、原木色为空间的主题色。

浅艾绿、松柏绿、原木色在色调上都处在低纯度的位置，浅艾绿与原木色因含有较多白色的成分而在高明度区域，低纯度、高明度的绿色可以营造偏冷的空间效果。

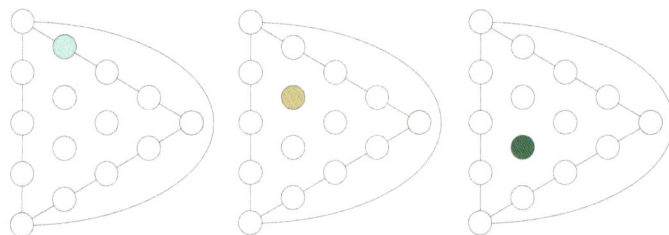

本方案将墙面乳胶漆确定为浅艾绿色,选择松柏绿色的沙发、含有绿色的装饰画以及原木色的电视柜和茶几。

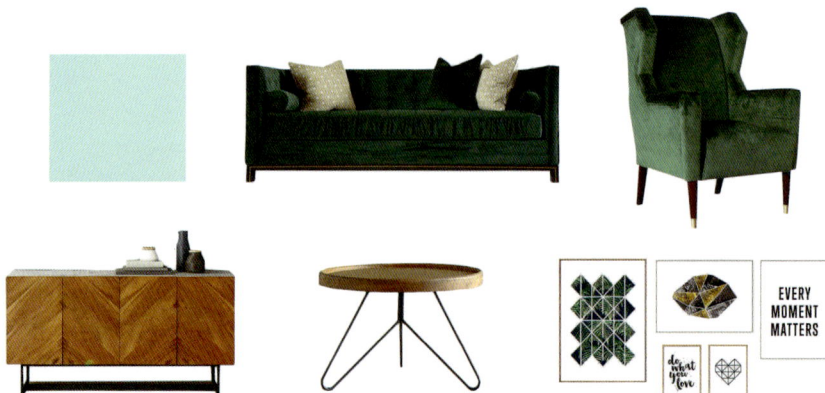

按色彩设计要求做出有清凉感的软装搭配方案。

C13	C54	C0	C15	C33
M0	M0	M9	M27	M26
Y9	Y54	Y35	Y97	Y29
K0	K28	K7	K0	K0

4. 用全彩色打造时尚前卫的客厅

全彩色是指包含色相环上的全部色彩，在软装中使用全彩色需要协调好色彩之间的关系。下图所示为全彩色的客厅软装设计方案。我们来分析一下，该方案是如何将众多的色彩协调在一个空间中的。

将众多的色彩安排在装饰画中，使色彩限定在一个指定的范围内，这样既能提高空间的视觉张力，又能展现色彩的丰富性。

红色单椅、姜黄色抱枕与红色抱枕互相呼应，形成色彩的节奏，两组色彩都提取自装饰画。

协调色黑白灰在空间中占的比例较大，当高纯度的色彩由大面积无彩色（黑白灰）分割时，空间的色彩就会变得更和谐。

5.3 卧室空间的色彩搭配

在进行卧室空间的色彩搭配时，首先要考虑的是营造安静的氛围，这样才有利于休息，因此应该选择低纯度、减少同类色的搭配方案，同时主色系应以暖色为主。下图所示为卧室的色彩印象。

素雅温暖的卧室色彩印象　　安静舒适的卧室色彩印象　　温暖轻盈的卧室色彩印象

清新自然的卧室色彩印象　　甜美香醇的卧室色彩印象　　田园质朴的卧室色彩印象

5.3.1　素雅的卧室色彩搭配

素雅的色彩一般有 3 个要素：一是以低纯度色彩为主，二是以同类色为主，三是以高明度的色彩为主。下一页上方图中整个空间的色彩以木色为主，摆件上的黑色与床品的白色形成色彩明度上的对比，只有植物与床头的装饰画使用了小面积的冷色。

Ronald Pallencaoe、Erick Laurentius 作品

C15 M40 Y84 K0	C76 M50 Y43 K3	C82 M74 Y74 K79	C15 M9 Y7 K0	C22 M4 Y53 K0

5.3.2 时尚的卧室色彩搭配

很多人受到一些样板房的色彩搭配影响，将全相型配色（多色色彩搭配）引入卧室空间，事实上这样的色彩搭配是不利于休息的。下页上方图所示的卧室空间单从色彩搭配上来讲是没有多大问题的，色彩丰富和谐，时尚感十足，但却不一定适合睡眠空间。

C5 M28 Y87 K0

C45 M39 Y34 K1

C68 M88 Y89 K34

C32 M89 Y88 K1

C41 M58 Y32 K1

5.3.3 轻奢卧室色彩搭配

　　轻奢风格并不注重在设计表达上有过多的变化，而是在细节处理上比较考究。轻奢风格既不像素雅的色彩搭配那么轻盈，也不像时尚的色彩搭配能立刻吸引我们的眼球，轻奢的色彩搭配更讲究色彩的内涵，通用手法是通过金属色收边提亮色彩，配合金属材质的特别质感，让人感受到奢侈品般的精致。

不规则的色彩边缘 = 自然　　规则的色彩边缘 = 精致　　金属色收边 = 轻奢

　　虽然下图中整个空间的色彩非常简单，但是却恰到好处地体现出轻奢的色彩搭配感觉。整个空间以黑白灰为基调，搭配木色和金属色，金属色通过灯具、柜门五金件和抱枕金属质感纹理得到体现。

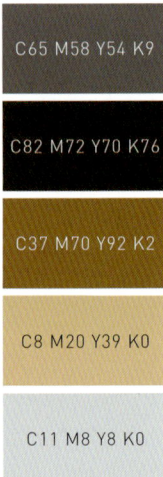

C65 M58 Y54 K9

C82 M72 Y70 K76

C37 M70 Y92 K2

C8 M20 Y39 K0

C11 M8 Y8 K0

南舍设计作品

5.3.4 ‖ 主题卧室色彩搭配

主题风格的卧室是独一无二的，因其个人色彩浓烈的氛围而受到很多人的喜欢。主题风格的色彩搭配没有固定的模式，其搭配的思路往往是根据特定的主题展开联想，找到相关的元素，提取出相应的色彩并应用到空间中。

下图所示为热带雨林主题元素，通过相关元素提取热带雨林具有代表性的色彩。

火烈鸟红　　　　　　　　　　热带雨林色　　　　　　　　　　藤编色

下图所示为热带雨林主题的卧室色彩搭配方案，除了将代表热带雨林的颜色应用到方案中以外，还将火烈鸟、热带植物元素直接应用到方案中，空间中热带雨林氛围被准确地传递出来。

宁洁作品

宁洁作品

C60 M0 Y39 K0	C93 M60 Y89 K45	C57 M27 Y44 K0	C15 M96 Y90 K0	C98 M95 Y0 K0

该项目为具有东南亚风情的度假别墅，下面为该项目其他空间的实景图。

5.4 餐厅空间的色彩搭配

　　餐厅空间的色彩不应太过复杂，应该体现出简洁、明快的色彩感觉，色相上应以暖色为主题色，因为暖色特别是暖黄色能促进人的食欲。

下图所示为餐厅的色彩搭配印象。

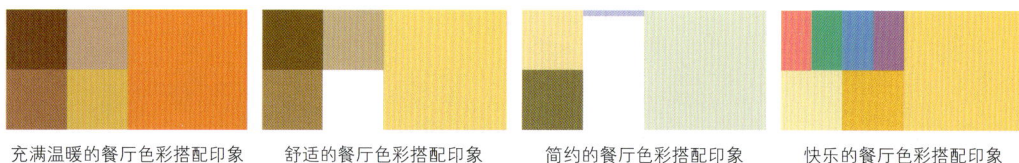

充满温暖的餐厅色彩搭配印象　　舒适的餐厅色彩搭配印象　　简约的餐厅色彩搭配印象　　快乐的餐厅色彩搭配印象

5.4.1 充满快乐感觉的餐厅色彩搭配案例

下图所示的餐厅设计中圆形顶面、窗帘、地毯、餐桌的色彩互相呼应。橙黄色是餐厅软装搭配的经典色彩，空间中大胆应用深天蓝色吊灯与橙黄形成强烈对比，蓝色由天棚开始延伸到桌面的花瓶再到餐椅，色彩纯度逐渐递减，这样的渐变使得互补色搭配由冲突转变为协调。

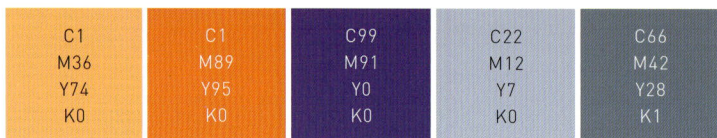

C1 M36 Y74 K0	C1 M89 Y95 K0	C99 M91 Y0 K0	C22 M12 Y7 K0	C66 M42 Y28 K1

元熙创意设计工作室作品

5.4.2 简洁自由的餐厅色彩搭配案例

下图中整个餐厅的色彩都非常简单，地面、墙面、顶面分别由深驼色、浅木色、浅蓝色、白色组成，餐厅家具由木本色桌子、凳子、椅子和黑色坐垫组成，餐桌上的白色纸巾盒、白色大理石吧台、白色灯罩拉开了与深色木材的明度对比层次，白色瓷盘中的松果与剥开的橙子使空间充满了生活气息。

C22 M65 Y94 K0
C1 M89 Y95 K0
C24 M35 Y48 K0
C22 M12 Y7 K0
C66 M42 Y28 K1

杭州本空装饰设计工程有限公司作品

5.4.3 简约时尚的餐厅色彩搭配案例

大多数设计师喜欢使用安全且不易出错的色彩，而北欧风格色彩柔和、明亮的特点正好迎合了这一需求。常见的北欧风格多以大面积的白色和灰色为主，带有一定灰度的原木色加小面积高明度高彩度的色彩搭配，使整体空间色调柔和、空灵、干净。下图所示的空间即为北欧风格的配色。

北欧风格正是因为大量使用白色等浅色，所以在配色的过程中反而比较难于把握，北欧风格（餐厅）的色彩最容易出现的问题是没有焦点，找不到重点，整个空间的色彩没有层次感。

这里介绍 3 种经典的配色方案，供大家在搭配北欧风格餐厅时参考和使用。

1. 白色 + 黑色 + 浅木色

白色加木色是北欧风格的经典用色，为了避免色彩搭配没有层次，可以加入一些黑色元素。下图中的主体色由浅色系组成：白色墙面、木地板上的灰色地毯、浅色原木餐桌和餐椅、白色大理石桌面。桌面上的灰绿色花器和植物将我们的视线从远处墙上的装饰画拉到桌面，因为这里才是视线的焦点。选用了具有黑白灰明度变化的现代时尚灯具，使空间用色显得简单而不单调。

Simon Donini 作品

C13	C10	C77	C57
M8	M16	M69	M49
Y7	Y24	Y66	Y88
K0	K0	K36	K8

2. 白色 + 浅木色 + 粉色

下图中现代、简约、时尚的家具以白色与木色为主，充分展现了北欧风格。另外，该方案的主沙发与餐椅抱枕大胆地用了粉色，粉色的加入使空间变得更加温馨。

吴海作品

C13	C6	C78	C46
M39	M43	M84	M36
Y73	Y34	Y76	Y14
K0	K0	K46	K0

3. 白色 + 木色 + 古铜 + 蓝色

在空间中过多使用白色难免会显得单调乏味，加入蓝色搭配便能很好地解决这一问题。

长时间观看以白色为主的色彩搭配易显单调

加入蓝色显得耐看

全部白色的搭配显得没有层次

加入蓝色餐椅及金属元素，便有了轻奢的感觉

下图中墙面有大面积的白色，餐椅选择蓝色进行搭配，同时餐桌腿、餐椅腿、灯具等选择铜材质（色彩）进行搭配，空间有轻奢的感觉。

上海黎李设计事务所作品

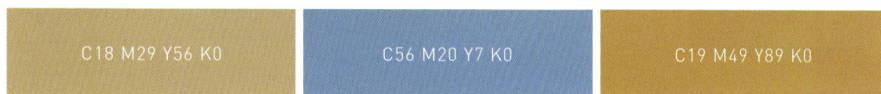

| C18 M29 Y56 K0 | C56 M20 Y7 K0 | C19 M49 Y89 K0 |

5.5 书房空间的色彩搭配

与其他空间相比，书房在色彩搭配上需要突出"静"字，色彩搭配不宜对比过于强烈，以免分散注意力。下图所示为书房空间的色彩印象。

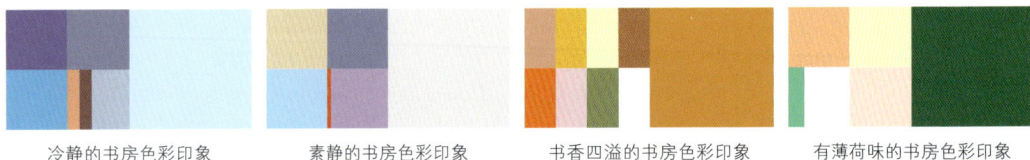

冷静的书房色彩印象	素静的书房色彩印象	书香四溢的书房色彩印象	有薄荷味的书房色彩印象

下图所示的书房空间几乎全部采用木色，只有书桌的桌面、书籍封面和书桌上的插花提供了些许色彩点缀。

上海陈公馆   李玮珉作品

5.5.1 偏女性化书房色彩搭配

下图所示的空间为女主人专属空间，兼具书房与居家工作室的属性。主色调为黑白灰，突出书房特有的静，同时在卧榻的抱枕与单人沙发上选用粉色，色彩互相呼应的同时强调了女性专属空间的特点。

黑白灰色彩搭配显示出安静与理性	加入粉色表现女性的轻柔

设计公司：诺禾空间设计有限公司　设计师：张家翰、谢崇孝

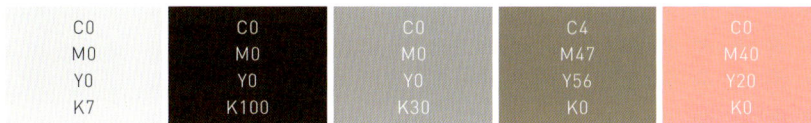

C0 M0 Y0 K7	C0 M0 Y0 K100	C0 M0 Y0 K30	C4 M47 Y56 K0	C0 M40 Y20 K0

5.5.2 偏男性化书房色彩搭配

男性空间的色彩选择更倾向于理性，在色彩搭配上一般选用低纯度、低明度的色彩，同时会搭配一些偏冷的色彩。

黑白灰色彩搭配显示出安静与理性

加入蓝色表现男性的睿智

下图中书房空间的地毯、书桌、椅子以及大装饰画都选用低纯度的色彩，通过地面和墙面的软装产品形成明度上的层次，点缀色通过茶具、小装饰画等来体现，盖碗茶杯与书封使用呈点状的暖色，使空间的色彩不至于过于冰冷。

WE DESIGN 中熙设计作品

C40 M27 Y36 K1	C85 M69 Y68 K48	C56 M31 Y73 K1	C27 M58 Y89 K0	C75 M35 Y23 K0

5.5.3 新中式书房色彩搭配

新中式设计在传统中式风格的基础上加入时尚元素，其色彩搭配亦然。如果色彩只使用黑白灰为主色调，则略显单调，适度加入一些不同的色彩，才能体现出新中式的时尚。

黑白灰色彩搭配有传统水墨味

加入水蓝、凫绿、木色，传统中透着时尚

下页上方图所示为新中式书房设计，硬装、窗帘、台灯灯罩都以白色为主，家具采用极简风格的黑色木质，主体色彩柔和，为了避免单调，选择了果（蓝）灰色的单椅。

5.5.4 现代时尚书房色彩搭配

现代风格色彩搭配没有固定的模式，可以通过设计"给人眼前一亮的感觉"来实现。下图所示的书房设计从红色装饰画到桌面书籍封面，再到椅子呈线型的红色元素，在整个空间中显得特别耀眼，使书房显得时尚而且与众不同。

苏州仁恒棠北天涟墅   邱德光作品

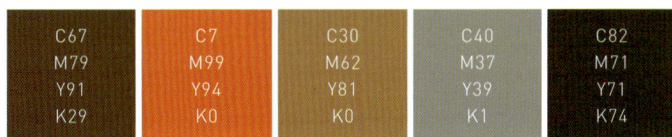

5.5.5 美式书房色彩搭配

任何一种风格的色彩都存在着多种可能性，书房的硬装和软装产品在满足空间色彩属性的前提下，往往会通过装饰画、摆件、书籍等元素的色彩变化去点缀不同感觉的主题空间。下面为大家讲解不同色彩倾向的美式风格书房色彩搭配。

1. 传统美式风格书房色彩搭配

传统美式风格的经典色彩为椰褐色、黑色、古铜色、深松花绿，这些色彩都具有厚重感。

传统美式风格色彩印象

下图所示为传统美式风格色彩搭配，硬装木料、书桌、椅子木料为椰褐色，灯具金属为古铜色，墙面和地砖为灰色，地毯为暗红色，整个色彩搭配很好地诠释出了厚重感。

深圳市鸿艺源建筑室内设计有限公司作品 总设计师：郑鸿 /Henry 参与设计：冯嘉敏 /Carman

C67	C0	C75	C40	C33
M79	M72	M42	M37	M38
Y91	Y72	Y56	Y39	Y72
K29	K29	K3	K1	K0

2. 新美式风格书房色彩搭配

新美式风格是时代发展的产物，其色彩相对传统美式风格而言更加丰富，更加年轻化，家具选择更有包容性。室内空间追求华丽、高雅的感觉，居室色彩主调为白色。

新美式风格色彩印象

下图所示为新美式风格的书房空间，整个空间的色彩呈递减的方式安排（地面、墙面、顶面由深至浅），主要的软装产品还是选用传统美式风格的色彩，由深色书桌、铜材质台灯与装饰画框及摆件组成，窗帘拼布中的孔雀蓝将空间色彩"提纯"。

干大韦作品

C8 M6 Y7 K0	C70 M33 Y40 K1	C54 M51 Y58 K4	C78 M78 Y80 K60	C39 M51 Y86 K2

下图所示为开放式的新美式风格书房空间，软装产品的样式和色彩都具有更高的包容性，家具和灯具的时代特征也更为明显，空间主题色彩采用了红、黄、蓝三角形的色彩搭配，视觉效果更强烈。

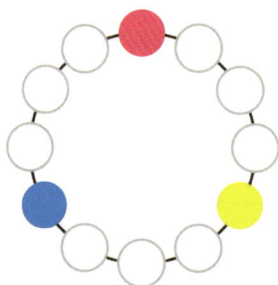

三角形色彩搭配，视觉效果强烈

尚层装饰作品

C8 M6 Y7 K0	C10 M98 Y93 K0	C7 M35 Y87 K0	C87 M27 Y1 K0	C39 M51 Y86 K2

5.6 儿童房色彩搭配

因为色彩对心理发展有一定的影响，所以儿童房的色彩搭配要解决的不光是美的问题，更应关注色彩搭配与儿童身心健康的关系。很多人认为儿童房的色彩搭配只要活泼就可以，男孩用蓝色，女孩用粉色就好，却忽略了色彩与儿童心理的关系，以及不同年龄阶段儿童视力发育对色彩的需求。

儿童会逐渐长大，对色彩的敏感程度也会增强。不同年龄阶段的儿童其房间的色彩搭配也应随之变化，而软装色彩的可替换性是解决儿童房色彩搭配的重要方法。

喜欢黄色的儿童——依赖性比较强

喜欢蓝色的儿童——具有一定的领导才能，善于思考

喜欢红色的儿童——性格刚烈，情感丰富

喜欢粉色的儿童——具有爱心，拥有优雅的特质，有较高的审美意识

喜欢橙色的儿童——外向活泼，自我意识强

喜欢深紫色、黑色、墨绿、深蓝的儿童——内向独立

5.6.1　0~3 岁儿童房间的色彩搭配

0~3 岁的幼儿处于对色彩的初步认知阶段，这个时期对三原色最为敏感，可以在儿童房对玩具、布艺等安排三原色的搭配。

下图所示的空间中硬装的色彩采用常规的白色与木色搭配，三原色通过布艺、积木玩具、柜门等在空间中进行合理分布。

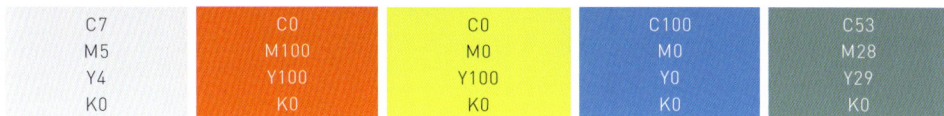

C7 M5 Y4 K0	C0 M100 Y100 K0	C0 M0 Y100 K0	C100 M0 Y0 K0	C53 M28 Y29 K0

下图所示的两组色彩中，左边的色彩通过调和使纯度变低，色彩的识别度降低，不适合 0~3 岁的幼儿；右边没有经过任何调和的三原色更适合 0~3 岁的幼儿。

不适合 0~3 岁幼儿　　　　　　　　适合 0~3 岁幼儿

下面是两个 0~3 岁幼儿的房间配色方案，左边的方案虽然有红、黄、蓝色彩，但是色彩的纯度低，识别性差；在右边的方案中通过更换装饰画、单人沙发、玩具、灯具等物品的色彩，将空间的色彩纯度提高，增强了识别性，更加适合 0~3 岁的幼儿。

不适合 0~3 岁幼儿　　　　　　　　　　　　　　　　适合 0~3 岁幼儿

5.6.2　4~6 岁儿童房间的色彩搭配

4~6 岁的儿童对色彩的认知能力逐步提高，除了三原色之外，还能识别黑白灰等无彩色，对间色绿色有一定的敏感度，能归纳识别色彩的冷暖。

4~6 岁儿童房间用色参考

这个阶段的儿童房在用色上要避免使用大面积灰暗的低明度色彩，暗淡的色彩容易使人产生忧郁的情绪，高纯度的色彩能促使儿童视神经良好发育；同时要避免墙面及顶面的色相变化过多，因为过多的高纯度色彩变化会让儿童长时间处于兴奋状态，不利于孩子的健康。

下页上方图所示的儿童房色彩搭配方案有让人眼花缭乱的感觉，分析其原因存在以下几个问题。

① 空间的色彩使用过多。

② 窗帘的色彩包含了红、黄、蓝、橙、紫等颜色，色相的数量过多，而且面积过大。

③ 装饰画包含了多种高纯度色彩。

④ 地毯包含的高纯度色彩过多。

色彩数量过多

针对以上方案存在的问题进行了如下调整。

① 减少墙面与地面的总体色彩数量与面积。

② 更换成只包括两个色相的窗帘，适当降低纯度，减少色彩刺激。

③ 增加装饰画的数量，使高纯度的色彩限定在小范围之内。

④ 更换成有少量红白点缀色的蓝色地毯，将椅子更换为蓝色，形成以蓝色为主调的空间，使色彩显得更为和谐。

⑤ 增加红色和黄色抱枕，使装饰画与床品的色彩得到延伸与呼应。

色彩数量合适

5.6.3　7~12岁儿童房间的色彩搭配

　　7~12岁的儿童对色彩已经有了一定的认知与识别能力，这个时期的儿童房可以有一些个性化的色彩搭配，但依然要注意以高明度色彩搭配为主。

　　这个阶段的儿童房会按孩子性别及儿童个人喜好进行色彩搭配，多数男孩房的色彩更趋于蓝色色调，可以辅助搭配红色、橙色、黄色等；多数女孩房的色彩趋向粉色、白色色调，可以辅助搭配粉蓝色、黄色等。

男孩房色彩印象　　　　　　　　　　　　女孩房色彩印象

　　男孩房的色彩应避免太成人化，高明度与高纯度的色彩仍占主角，色彩的变化尽可能在局部进行，如选择有多种颜色的抱枕，而不是选择有大面积色彩对比的窗帘。

　　下图所示的男孩房在色彩搭配上存在以下问题。

① 背景墙面的色彩过深（明度太低），显得压抑。

② 古铜色的灯具显得过于成人化。

③ 床品、窗帘、桌椅的色彩过于接近，缺乏生气。

④ 装饰画的内容过于抽象。

针对以上男孩房存在的问题进行如下调整。

① 调整背景墙面的色彩，提高其明度，减少压抑感。

② 更换灯具，使对比色控制在小范围内。

③ 更换床品、窗帘的色彩，通过对比色提升色彩的活跃度。

④ 更换成具象装饰画，同时提高装饰画的明度，使空间更加明快。

⑤ 更换椅子，提高椅子色彩的纯度。更换墙面的钟，使其色彩与窗帘、床品的色彩进行互换融合，同时增加空间的趣味性。

女孩房的色彩大多采用粉色等温和的色彩为主色调，但如果不注意色彩之间的层次对比，会让空间显得过于平淡，色彩缺乏生动感。下图所示的女孩房虽然看起来色彩搭配协调，但缺乏美感，通过分析存在以下问题。

① 床品的粉色与床和抱枕之间没有对比。

② 装饰画与床品、窗帘的色彩太过于接近。

③ 家具为白色，缺乏重色。

针对以上女孩房存在的问题进行如下调整。

① 床品上增加明度略低的蓝色床毯，使床毯与粉色被褥、白色床之间形成色彩明度阶梯。

② 更换台灯，将对比色控制在小范围内。

③ 更换成深色细边框装饰画，装饰画的边框与墙面形成对比，更好地突出装饰画的内容。

④ 更换床头柜，提高色彩纯度。

⑤ 增加地毯，边柜上增加花艺，使室内空间得到进一步丰富。

第6章

软装元素色彩搭配方法

软装的八大元素分别是家具、布艺、灯具、画品、饰品、花品、收藏品、日用品。软装色彩搭配既要讲究整体色彩和谐，又要注意到细节的完美呈现。如果没有整体和谐的空间布局，色彩就会显得凌乱；如果没有细节部分的形、色、质的完美结合，空间就会显得不耐看，品质上会大打折扣。

6.1 家具色彩搭配

家具是软装八大元素之首，家具的色彩会影响到整个空间中软装的色彩走向。在软装设计方案中，不能只凭对家具色彩本身的喜好而确定家具的色彩，如果在进行软装方案设计时硬装已经完成，在确定家具色彩时就必须考虑家具的色彩与硬装基础色的关系；如果在进行软装方案设计时硬装还没有开始，就可以将家具的色彩与墙面的色彩以"全案设计"的思维来整体考虑，即软装设计师可以根据家具的色彩反向确定顶面、地面、墙面硬装的色彩。

6.1.1 家具与硬装的色彩关系

家具色彩与硬装的色彩协调尤为重要，如果处理不好，会使空间的色彩显得格格不入，虽然花了较大的投入，效果却大打折扣。家具与硬装的色彩关系要注意以下几点。

1. 家具木料与硬装木料选择相同色系

为了获得统一的色彩效果，家具的木材部分应该选用与硬装的门框或墙面装饰相同色相的色彩及材质，材料与色彩的变化通过家具的布艺及收边部分实现。

张清平作品

C21 M24 Y40 K0	C70 M86 Y85 K85	C34 M51 Y74 K1

2. 家具重复硬装的色彩与材质

下图所示的室内空间中，硬装的色彩有米色、宝蓝色、金色（铜）。

空间中的主沙发选用了米白色布艺沙发，两个单人沙发选用了蓝色系，金属则在单人沙发腿及茶几收边等部位体现。

中山远洋·神湾繁花里别墅　华贝软装设计

3. 家具的色彩特异

　　空间的色彩过于统一会显得没有生气，可以在部分家具的色彩选用上与大面积色彩形成强烈反差。下图中右侧的部分沙发选用了孔雀绿，使空间色彩显得生动。

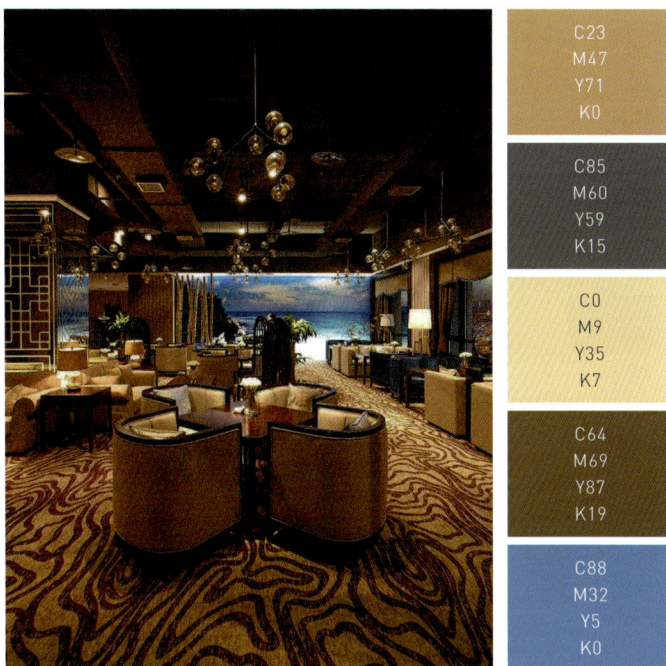

C23 M47 Y71 K0
C85 M60 Y59 K15
C0 M9 Y35 K7
C64 M69 Y87 K19
C88 M32 Y5 K0

重庆汉邦设计公司罗玉洪作品

　　经典坐椅色彩搭配

　　20 世纪以来，在工业革命的推动下，人们对家具的认识也发生了颠覆性的改变，涌现出了许多经典之作，虽然历经数十年乃至上百年，它们依然是时尚家具界的宠儿。

　　下图所示为丹麦设计师 Arne Jacobsen 设计的作品，他是 20 世纪现代主义设计师的杰出代表，他的很多作品都成为了经典，如 Egg Chair（蛋形椅）、Swan Chair（天鹅椅），这两把椅子都是为哥本哈根皇家酒店设计的作品。

Egg Chair（蛋形椅）　　　　　　　　　Swan Chair（天鹅椅）

　　蛋形椅与天鹅椅外形简约时尚，其色彩多为绯红色，与不锈钢材质、黄金（黄铜）、黑色搭配比较容易表达出现代感。

　　在下图所示的软装搭配方案中，绯红色蛋形椅搭配充满设计感的金属色圆几与黑色落地灯，装饰画与吊灯的金属元素以及兽皮毯与灯罩，对绯红色蛋形椅进行了恰如其分的衬托。

| C1 M100 Y96 K0 |
| C81 M73 Y78 K65 |
| C29 M49 Y85 K0 |
| C29 M9 Y16 K0 |
| C3 M2 Y2 K0 |

下图所示为 Panton Chair（潘通椅），由设计师 Verner Panton 设计。潘通椅在材质上率先使用聚酯纤维和玻璃等新材料，使用一体成型技术生产，使得椅子在造型上完全打破了传统造型的束缚。

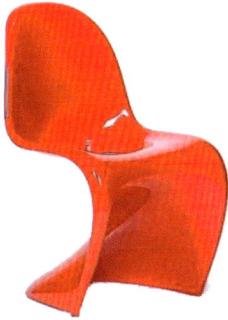

Panton Chair（潘通椅）

下图所示为潘通椅搭配的餐厅，黑、白、蓝三色的搭配简单而经典，蓬巴杜餐桌、约瑟夫·弗兰克边柜与潘通椅在造型和色彩方面都充满想象力，新材料的运用更显时尚。

| C3 M100 Y95 K0 |
| C81 M73 Y78 K65 |
| C76 M41 Y27 K1 |
| C7 M5 Y5 K0 |

下图所示为 Hill House（高背椅），高背椅由被称为格拉斯哥学院代言者的 Charles Rennie Mackintosh 开创。高背椅放弃了传统的自然主义风格，采用简单的线条、夸张的造型和大胆奔放的色彩，其装饰味道浓郁。

高背椅

高背椅的装饰味比较浓，选用高背椅的区域更多是因为这一点，色彩上一般选原色或间色配以黑白灰等无性色进行搭配，其用色区域如下图所示。

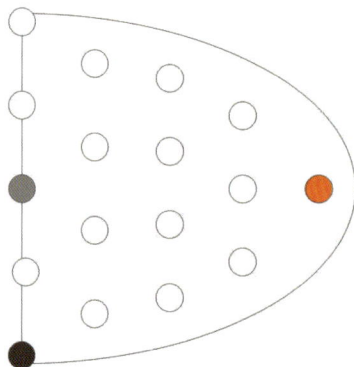

下图的软装方案主要色彩为黄色和红色，并搭配黑、白、灰进行调和，材质主要选择亚克力、铁艺、铜等，用色简单，但时尚感十足。

C1	C0	C84	C29	C6
M100	M0	M71	M3	M5
Y96	Y100	Y69	Y4	Y5
K0	K0	K51	K0	K0

经典家具的色彩都是设计师精心思考的结果，具有强烈的美感，在进行软装搭配时，这些色彩本身就是很好的选择。

棉花糖沙发

扶手椅

椰子椅

飘带椅

蛋形椅

休闲椅

三角贝壳椅

曲形椅

郁金香椅

蚂蚁椅

主人椅

酋长椅

子母扶手沙发

巴塞罗纳椅

伊姆斯躺椅

伊姆斯木质底座模压玻璃纤维扶手椅

1. 传统中式家具色彩搭配

中式家具具有气势宏大、华贵雅致、精雕细琢、瑰丽奇巧的特点，集艺术、收藏价值为一体，传统中式家具的用色比较单一，大多以原木色为主。下图所示为中式博古架。

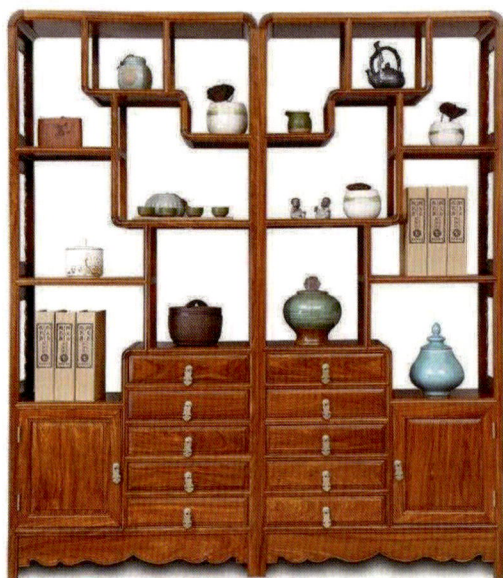

传统中式家具流传下来的主要为明式家具与清式家具。明朝因经济稳定、木作技术的提高和大量文人参与设计等原因，促使明代家具呈现出"结构严谨，线条简洁流畅，做工精湛，造型典雅隽秀，尺寸与比例科学合理"等特点，这一时期以花梨木、紫檀木、铁力木、鸡翅木等名贵木材为主要材料的硬木家具为主，其样式被称为"明式风格"。明式家具可分为"有束腰"和"无束腰"两大体系。

四出头官帽椅子（无束腰）

束腰藤席茶几

清式家具抛弃了明式家具简洁、轻巧、文秀的特点，极力体现威严、豪华、富丽的感觉，追求厚重、繁缛，营造出一种彪悍雄伟的气势。

传统中式家具常用的材料及色彩如下。

榆木

檀木

梨木

鸡翅木

酸枝木

金丝楠木

传统中式家具可以在不同家具之间选择深浅色作搭配，以避免显得过于沉闷，另外搭配红色与黑色的软装元素能很好体现中式家具的端庄感。传统中式家具配色印象如下。

传统中式家具配色印象

下图所示的软装搭配方案选择了深棕色木料家具，空间色彩虽然统一，但画面缺乏生气，存在以下问题。

① 沙发、单椅、平案、书柜等都选用同一深色的家具，缺乏变化。

② 抱枕、地毯缺乏色彩。

③ 屏风只有黑、白、灰和金属色。

④ 摆件等点缀色没有达到调节色彩的作用。

调整前

针对上面方案存在的问题进行如下调整。

① 将书柜换成浅色木材质，使家具之间的色彩在明度上有适当的变化。

② 将抱枕替换成红色。

③ 替换成带有红色元素的屏风，与红色抱枕形成呼应。

④ 给平案添加青花瓷瓶，丰富空间色彩元素。

通过调整，过于单调的色彩得到丰富，尤其是中国红与青花瓷色彩元素的添加，不仅使空间色彩得到丰富，还使传统中式风格得到了进一步强化。

| C67 M87 Y91 K32 |
| C25 M58 Y75 K0 |
| C56 M28 Y13 K0 |
| C5 M99 Y95 K0 |
| C33 M96 Y78 K1 |

调整后

2. 新中式家具色彩搭配

新中式家具是在传统美学规范之下，运用现代的材质及工艺，去演绎中国传统文化中的精髓，使家具不仅拥有典雅、端庄的中式气息，还具有明显的现代特征。

新中式家具的色彩不拘泥于传统，色彩在传统家具美学的基础上进行了延伸，材质上也不限于木材，更多新材料的应用使得传统家具的美学宽容度得到拓展。下图所示的圈椅用金属替换传统的木材质；书桌用铁艺与板材结合的工艺制作；单人沙发采用木材与软包布艺结合的工艺制作，使新中式家具造型与色彩突破了传统木制家具的限制。

新中式常用家具的色彩如下。

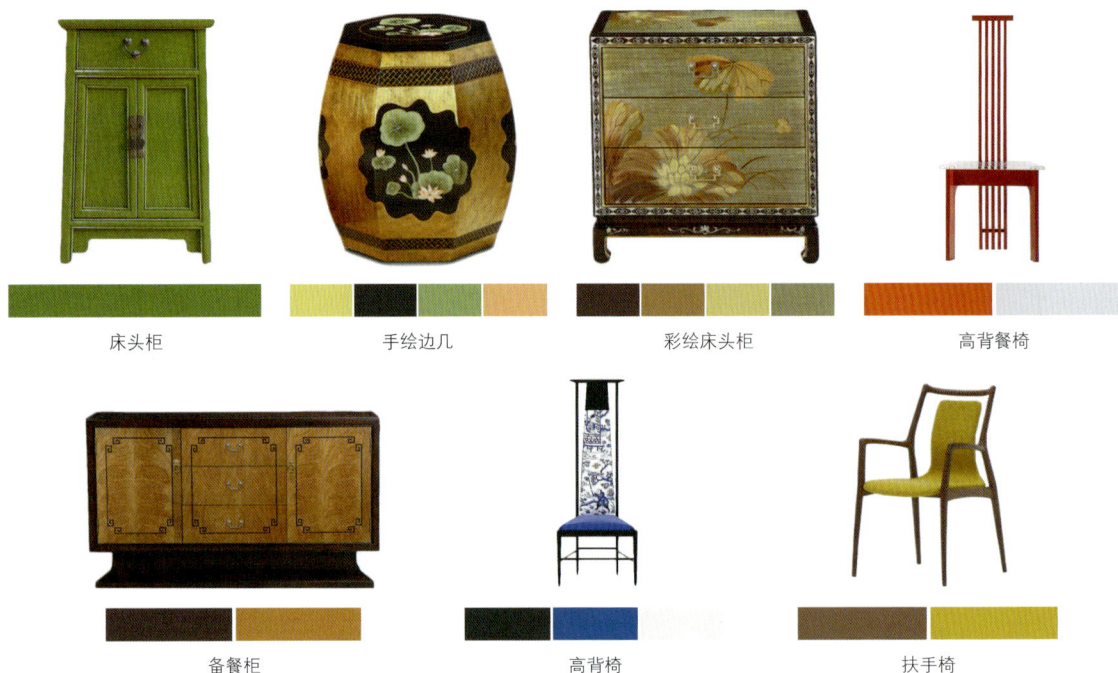

床头柜　　　　　　　　手绘边几　　　　　　　　彩绘床头柜　　　　　　　高背餐椅

备餐柜　　　　　　　　高背椅　　　　　　　　扶手椅

正是因为新中式家具色彩丰富，所以在进行搭配时尤其要注意色彩之间的和谐统一。下图所示的软装方案存在以下问题。

① 窗帘由蓝色与番木瓜色构成，对比过于强烈，显得主次不明。

② 沙发上的抱枕色彩过多，显得有些混乱。

③ 储物柜、绣墩、茶几、圈椅及沙发，每一件家具一个色相，色彩没有主调。

④ 蓝色储物柜从色彩到风格都显得突兀。

⑤ 地毯的色彩与图案过于夸张。

调整前

针对上面方案存在的问题进行如下调整。

① 将窗帘换为麻纱材质，让窗帘作为素静的背景。

② 去掉沙发上色彩多余的抱枕，让沙发上的色彩呈现对称的布局。

③ 更换绣墩、圈椅和茶几，统一家具的色相。

④ 将蓝色欧式柜子更换为新中式家具，颜色选用暗红色，使家具的木材与柜子形成黑、红的经典配色。

⑤ 将沙发上包含红色元素的抱枕放置在左右单人沙发上；将右边花器中的花换成带有红色果子的枝条，这样既可以与柜子的红色呼应，又使红色抱枕呈对称的形式，符合中式审美。更换灰色地毯，突出沙发主体，使色彩主次关系更加分明。

调整后的软装色彩搭配既显得统一，又能彰显新中式家具区别于传统中式家具的典雅，调整结果如下图所示。

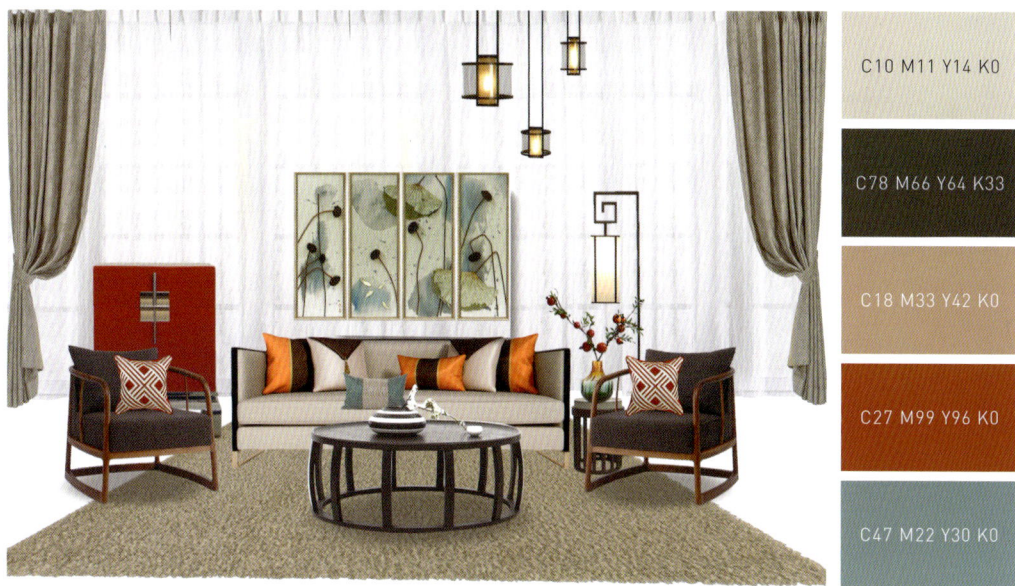

调整后

6.1.4 轻奢风格家具色彩搭配

轻奢风是现代风格更倾向时尚的一种体现，传承着古典奢华品质的同时，对家具的造型进行了革命性的简化，使其更符合现代人的审美需求，色彩上也遵从时尚的用色。

1. 低纯度色系轻奢家具色彩搭配

下页上方图所示为低纯度色彩家具搭配的软装方案，所选的家具及装饰品大多为高明度、低纯度的色彩，这样的搭配比较容易获得清新淡雅的效果，但过于接近的明度及纯度搭配也会使空间失去层次感，通过分析该方案存在以下问题。

① 沙发、抱枕等布艺产品缺乏重色。

② 灯具色彩的明度与家具过于接近。

③ 摆件与家具的色彩过于接近，缺乏变化。

④ 边几、茶几、单椅、沙发等家具的色彩过于接近。

⑤ 装饰画的画框与画心之间缺少对比。

调整前

针对以上方案存在的问题作如下调整。

① 更换抱枕，增加黑色和蓝色，将浅灰色毛毯更换为深蓝色羊驼绒毯，改变沙发"浅色一片"的局面。

② 将灯具更换为一深一浅的颜色搭配，与家具之间形成渐变的明度关系。

③ 边几、茶几、柜子的摆件与家具的色彩过于接近，缺少变化，更换为有深色元素的边几、茶几、单椅，使家具之间有一定的色彩对比。

④ 更换为轻奢风格的蓝色装饰画，使装饰画与沙发和地毯上的蓝色元素之间形成明度呼应，同时使蓝色在室内空间中得到延伸。

调整后

C14 M12 Y21 K0

C87 M76 Y69 K71

C75 M43 Y17 K0

C82 M71 Y40 K4

C45 M55 Y91 K4

下图所示为轻奢风格的深棕色床头柜，具有以下特点。

① 抽屉用了上下对称的白色圆弧形线条，与深棕色形成强烈对比，使现代感得到增强。

② 木纹理的拼花与白色弧形线条以五金拉手为中心呈放射状，形成抽象的美感。

③ 金属五金拉手与柜腿的金属收边让家具显得精致。

④ 深棕色、金属色（铜）、白色形成黑灰白的层次变化。

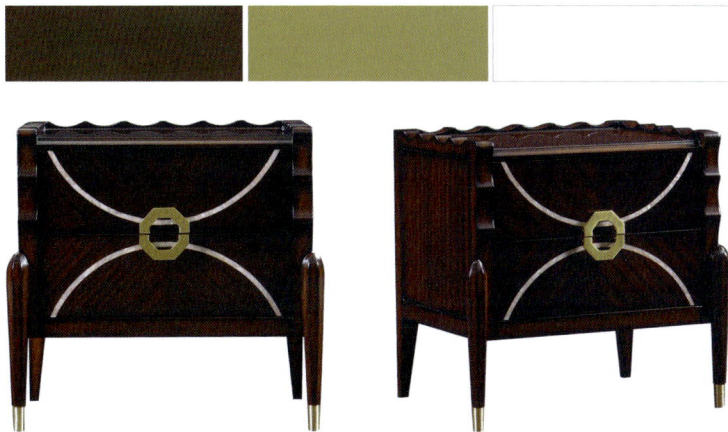

美式轻奢风格

下图所示的软装方案是由深棕色家具搭配的卧室，空间中没有多余的色彩，床头柜、床架、床靠背的软包色相上只有微弱差别，明度的细微变化使画面色彩显得柔和，通过带铜材质的灯具与金属收边的床头柜让素静的空间中带有些许轻奢感。

| C69 M58 Y55 K14 |
| C26 M22 Y25 K0 |
| C44 M67 Y83 K2 |
| C73 M82 Y87 K38 |

由单一的深棕色组成的轻奢感

2. 高纯度色系轻奢家具色彩搭配

高纯度的家具能搭配出令人赏心悦目的室内空间，但如果处理得不好，会形成视觉疲劳。

下图所示的软装方案存在以下问题。

① 沙发后面的黑色背景显得有些压抑，同时使得太阳形状的装饰无法凸显出来。

② 右边拜占庭红（紫红色）布帘无法融入空间中。

③ 橙色单椅在空间中显得有些孤立。

④ 装饰画、橙色单椅、拜占庭红布帘互相"抢"视线，缺乏主次。

调整前

针对以上方案存在的问题进行如下修改。

① 直接去掉多余的背景，空间没有了压抑感，从而显得轻松许多，太阳形状的装饰也可以起到很好的装饰作用。

② 直接去掉拜占庭红（紫红色）布帘，去掉多余的色彩后，空间的视觉中心回到主沙发区。

③ 将橙色单椅换成海绿色，海绿色与边柜形成强对比的同时又融入沙发与地毯，使得空间不落入平淡。

④ 将装饰画更换为由灰色和金色组成的画面，使其与蓝色主体沙发更融合，没有了"抢"视线的感觉。

C28 M16 Y21 K0
C78 M40 Y84 K4
C77 M44 Y12 K0
C5 M98 Y94 K0
C17 M28 Y74 K0

调整后

6.1.5 现代白色系家具的搭配

　　白色象征着纯洁，是大多数人喜爱的色彩。白色家具的种类异常丰富，但白色家具的搭配也是最考验设计师功力的，白色为无性色，少了丰富的色相变化，搭配的难度也更大。

　　下图所示为白色家具，如果只是把这些家具组合在一起，则结果就像下图的色块组合，色阶的变化缺乏起伏，家具色彩有粘在一起的感觉，这样的搭配是缺乏美感的。

白色搭配在一起形成的色阶变化缺乏起伏

全部由白色家具组成的方案，家具色彩有粘在一起的感觉

1. 白色沙发 + 同色墙面

沙发是客厅的核心家具，其体量也是最大的，家具的色彩首先要考虑与墙面色彩的关系，包括墙面材质及门窗的色彩也需要综合考量。

在下图所示的空间中，设计师力求打造一种反璞归真的氛围，沙发选用了与墙面相同的白色，在色彩相融中去体会墙面的大理石与沙发布艺之间所形成的一硬一软、一冷一暖的对比。

	C7 M5 Y4 K0
	C72 M71 Y80 K32
	C39 M40 Y53 K1
	C23 M18 Y20 K0
	C38 M13 Y76 K0

沐曦 格纶设计

2. 白色沙发 + 黑色单椅

在下图所示的软装搭配方案中，浅色木地板、浅灰毛质地毯、纯白色沙发搭配在一起，没有一点多余的色彩，只用黑色单椅点缀，这样极简的色彩搭配使空间呈现出别样的轻松。

| C7 M5 Y4 K0 |
| C80 M71 Y77 K60 |
| C38 M36 Y51 K1 |
| C45 M58 Y75 K2 |

旧金山城市住宅设计　　　Edmonds 、 Lee Architects 作品

6.2 窗帘布艺色彩搭配

窗帘布艺是室内空间中重要的色彩元素，从色彩搭配的面积来讲，仅次于家具，布艺的色彩主要参考墙面基础色及家具的色彩。写至此，填一首词与大家分享，该词主要是关于窗帘布艺的色彩搭配心得。

疏帘淡月

登高望远，

恰同学少年，陈设初探，

居室窗帘布艺，软装关键。

棉麻丝绒雪尼尔，各千秋，室之佳伴，

色同花异，花同色异，轻抚帷幔。

敢相忘，风格可换，

爱同色之系，各有浓淡。

丰富空间对比，理纹齐看。

红橙黄绿青蓝紫，两三相邻定有范。

至今犹记，隔江对唱，和声难掩。

6.2.1 窗帘的色彩搭配

1.窗帘的构成

窗帘由窗体、配件、辅料构成。窗体包括窗幔（帘头）、布帘、纱帘；配件主要有侧钩、绑带（绳）、吊坠、轨道等；辅料主要有花边、边穗、流苏、挂钩布带、挂钩等，下图所示为窗帘各部件。

窗幔（帘头）

布帘

纱帘

轨道（罗马杆）

绑带

流苏

挂钩

花边（边带）

吊坠

2.从属于墙面色彩的搭配

下图所示的法式风格室内设计中，窗帘色彩由槐黄与毛月蓝组成，槐黄的色彩与墙面的线条为同色彩系，毛月蓝的色彩来自墙面装饰板的色彩，窗帘的布帘与窗纱之间作了一些色彩的间差安排，具体的操作方法有以下几点。

① 窗幔两个波之间用了包含蓝色的装饰。

② 绑带用蓝色。

③ 布帘花边只用色布代替。

窗帘的色彩构成

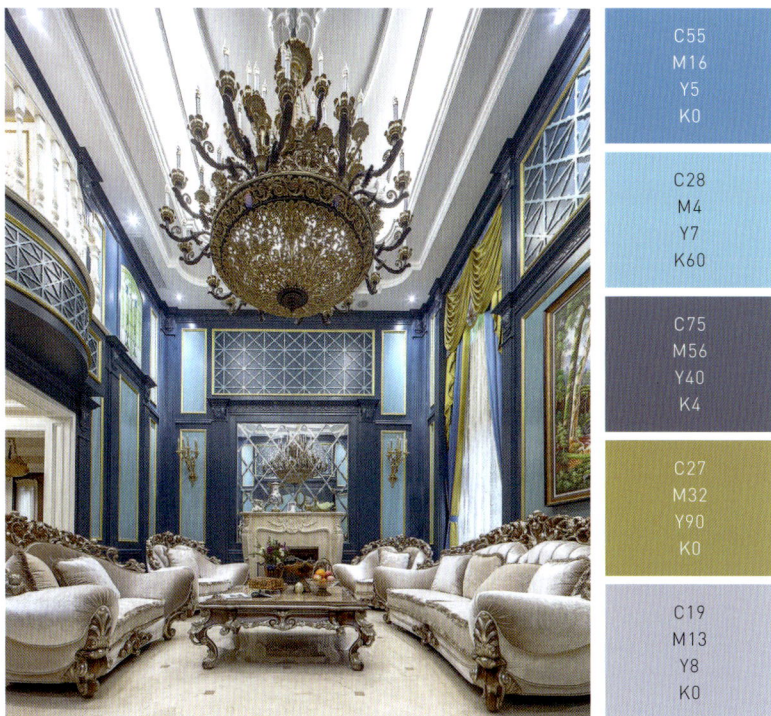

	C55 M16 Y5 K0
	C28 M4 Y7 K60
	C75 M56 Y40 K4
	C27 M32 Y90 K0
	C19 M13 Y8 K0

罗罡作品

3. 从属于风格色彩的搭配

蓝色是法式风格具有代表的色彩之一，在下图所示的法式风格室内设计中，窗帘采用壁炉与单椅的蓝色系，罗马杆选用灰色，该方案主色调（基础色）为灰色，主题色为蓝色，空间色彩的数量较少，但在细节上有比较好的把握，如布帘从整体上看是一块蓝色，布帘花边的蓝色选用明度略深的沙青，同时花边有金属质感纹样，能与家具、灯具等其他元素有很好的呼应与融合。

C59 M36 Y23 K0	C85 M33 Y32 K1	C37 M73 Y47 K1	C21 M17 Y18 K0	C13 M24 Y15 K0

北欧的灵动与法式的优雅　　　　　　　　　　　TK 设计

6.2.2 床品的色彩搭配

床品是卧室空间色彩的主角,好的床品能体现主人的生活品味。床品在居室空间中可变性比较大,它可以随着季节而变化,也可以随着主人心情而变化。

卧室的色彩多倾向于低纯度柔和的色彩系列,对于使用频率最高的空间,进行色彩搭配时要尽量提高色彩的舒适度,减少色彩的刺激。床品色彩搭配常规手法如下。

1. 将家具的颜色用在床品或抱枕上

下图中床品与抱枕的色彩来自房间的单人沙发。

2. 将窗帘的颜色用在抱枕上

下图中第 1 层抱枕的边缝用到与窗帘相同的玛瑙色,第 3 层抱枕的色彩直接选用玛瑙色。注意纯度较高的色彩一定要控制在小范围以内,同时可以用不同的方式呈现。

3. 将窗帘的颜色用在床品上

下图中室内空间的色彩极其简单，整个床品只有床旗使用了和窗帘一致的低纯度暖灰色。

巴西热带植物围绕的山谷住宅　　David Guerra 作品

4. 将窗帘和家具的颜色用在床品或抱枕上

下图所示床品的色彩有如下特征。

新中式水墨住宅　　孙文建筑事务所作品

① 抱枕由内而外个数为三二二一，形态为正方形、长方形、正方形、正方形，由大到小形成一个三角形。

② 黄棕色抱枕的颜色来自窗帘，浅春蓝色抱枕的颜色来自床头柜的花器。

③ 床品和抱枕能很好地控制色彩的节奏变化。

第一排抱枕的色彩组合　　　　第二排和第三排抱枕的色彩组合　　　　第四排单个抱枕的色彩组合

④ 从整个床品的色彩安排上看，色彩呈浅春蓝色、灰白色、黄棕色的交替。

整个床品的色彩排列关系

6.3 灯具色彩搭配

　　灯具的色彩包括灯具主体的色彩和光源的色彩，在进行灯具色彩搭配时，主要考虑灯具的色彩与室内空间其他元素之间的色彩关系，也要考虑空间的功能、灯光照射对象的色彩与材质等。

　　灯具分为吸顶灯、吊灯、壁灯、落地灯、射灯、台灯等。

　　下图所示为不同材质与色彩的灯具。

铝材　　　　铁艺（镀铜）　　　　玻璃　　　　塑料　　　　木片

彩色玻璃　　　　竹编　　　　树脂　　　　水晶（铁艺）　　　　亚克力（铁艺）

6.3.1 灯具与材质的色彩关系

下图所示的方案为前卫风格的软装设计，前卫风格的灯具造型时尚，下图中的灯具选用黄铜材质，所折射的光芒与轻奢前卫的家具非常搭配。

黄铜材质与红色搭配有阳光、明亮的视觉效果，时尚前卫

C52 M20 Y27 K0

C1 M99 Y93 K0

C2 M34 Y95 K0

C26 M36 Y56 K0

C22 M18 Y22 K0

下图所示的软装方案为工业风格，铁艺材质的复古灯具搭配爱迪生灯泡，更能体现工业风的感觉。

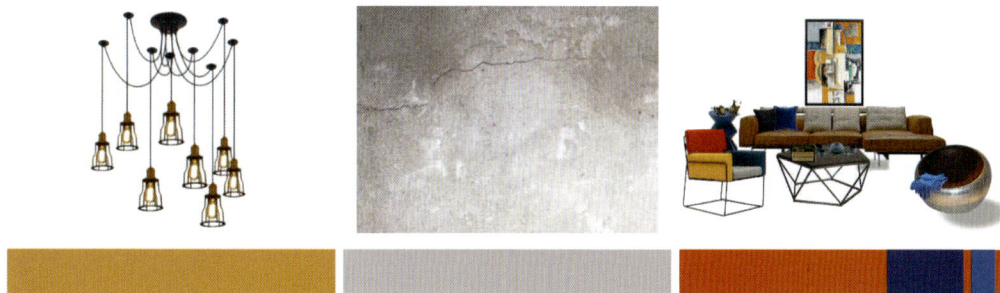

爱迪生灯泡 + 水泥墙灰 + 多色彩家具组合，工业风里透着时尚范

	C10 M9 Y9 K0
	C13 M88 Y88 K0
	C78 M81 Y81 K65
	C56 M83 Y96 K15
	C97 M84 Y31 K3

下图所示的软装方案中，散发着自然与时尚的气息，别致新颖的镂空铁艺灯具选择内敛的黑色，能很好地协调时尚与自然这两种概念，北欧风格的落地灯材质与空间的色彩和自然清新的氛围相吻合。

铁艺搭配时尚的色彩

木色搭配灰色

C29 M12 Y47 K0	C70 M76 Y72 K39	C88 M45 Y4 K0	C44 M52 Y58 K2	C12 M9 Y11 K0

　　工业风具有良好的兼容性，色彩丰富的异域风格灯具与灰色水泥墙面、原始木材等色彩（材质）搭配在一起，能够打造出自然、质朴、时尚、浪漫的空间氛围，灯具与部分撞色家具将空间渲染成色彩丰富而和谐的画卷。

撞色灯具在灰色水泥墙面的大背景下显得耀眼而不刺眼

C45 M40 Y51 K1

C7 M22 Y95 K0

C15 M81 Y92 K0

C55 M50 Y96 K1

C13 M23 Y39 K0

"漫咖啡"北京丽都店

6.3.2 灯光色彩与其他元素之间的关系

灯具光源所发出的灯光的色彩是由不同的色温决定的，色温对于照明来说非常重要，它是塑造空间氛围的关键参数，不同功能的场所需要用不同的色温及照度进行控制。不同色温下的光线颜色如下图所示。

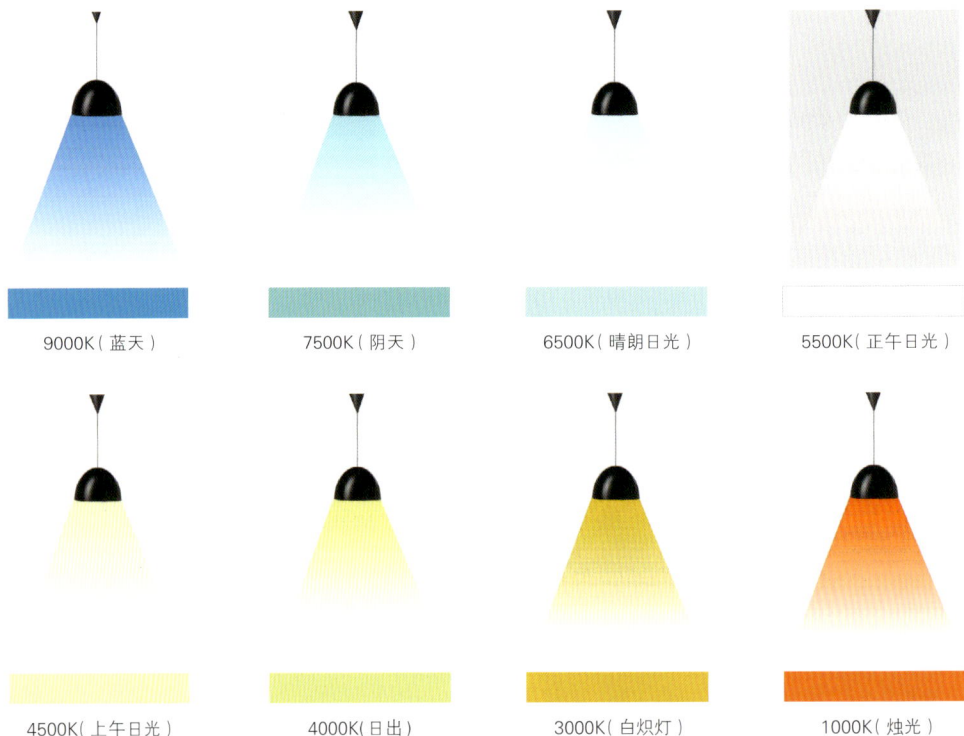

9000K（蓝天）　　　7500K（阴天）　　　6500K（晴朗日光）　　　5500K（正午日光）

4500K（上午日光）　　　4000K（日出）　　　3000K（白炽灯）　　　1000K（烛光）

灯光必须有正确的照度才能达到良好的照明效果，不同的空间有不同的照度范围。照度可以通过专业的照度测量仪进行测量，也可以用手机下载照度计等APP进行测量（因摄像头感光等原因，可能存在一定的误差），常规的照度标准见下表。

常规的照度标准

房间或场所		参考平面	照度标准值 / lx
起居室	一般活动	距地 0.75m 水平面	100
	书写、阅读	距地 0.75m 水平面	300
卧室	一般活动	距地 0.75m 水平面	75
	床头、阅读	距地 0.75m 水平面	150
餐厅		距地 0.75m 水平面	150
厨房	一般活动	距地 0.75m 水平面	100
	操作台	操作台面	150
卫生间		距地 0.75m 水平面	100
电梯前厅		地面	75
走道、楼梯间		地面	30
公共车库	停车位	地面	20
	行车道	地面	30

1. 低色温（偏暖光源）照明

下图所示餐厅的餐桌照明设计中，灯具选用藤编灯罩，与偏自然风的其他软装元素搭配显得非常和谐，而且光源选择 3500K 左右的色温，更能激发人的食欲。

拾光悠然设计工作室作品

在下图所示的餐厅中，当选择 6000K 左右色温的光源时，整个空间的色彩显得冷峻，没有就餐的氛围。

当选择 3500K~4500K 色温的光源时，整个餐厅的色彩显得温暖，同时木质餐柜的色彩还原也比较好，这样的色彩下会使我们的食欲大增。

通过上面两张图的对比发现，白色瓷器在偏低的色温下更能显示其洁白无瑕的品质，所以在同一空间中可以对不同区域的照明选择不同的色温。在下一页上方图所示的餐厅空间中，照射桌面的光源选择 3500K 左右的色温，而针对边柜上的瓷器，选择 5000K 左右的射灯单独为其照明，让瓷器有很好的观赏性。

对于咖啡馆、酒吧、酒馆等休闲场所，可以在低照度的前提下将色温控制在 2800K 左右，这样顾客会获得更好的视觉体验，如下图所示。

深圳南山独栋建筑里的金色酒廊 - CIAO AMICI BAR

2. 高色温（偏白或偏冷的光源）照明

下图所示为办公空间，因为照度需要在300lx（平均300lm/㎡），所以选择5000K左右的色温，整个空间的光色偏白，有利于人们专心工作。

一般家居空间的灯光选择3000K左右的色温会显得比较温暖，除了考虑到空间色温带来的温馨感之外，还要考虑设计风格传递的感觉用什么色温更合适。下图所示为现代风格的室内空间，需要适当提高照度和色温，从而更好地表现风格的冷峻感觉。

6.4 装饰画、饰品、花艺色彩搭配

　　装饰画、饰品和花艺在室内空间中具有调节色彩的作用，这3个元素往往以组合的形式出现，通过选择与家具有一定区别的色彩，使空间色彩在统一的前提下得到丰富。

　　下图中花艺和老式电话的色彩与白色玄关柜形成强烈对比，像框则采用与家具相同的白色，这样的对比与融合使空间色彩显得不再单调。

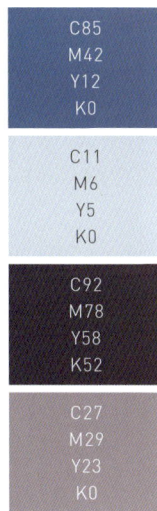

| C85 M42 Y12 K0 |
| C11 M6 Y5 K0 |
| C92 M78 Y58 K52 |
| C27 M29 Y23 K0 |

清新简约风阳光住宅　　　　　　晟角设计作品

6.4.1 装饰画、饰品、花艺之间的色彩关系

　　装饰画、饰品、花艺这3者有对比型与融合型两种色彩关系，采用对比型还是融合型一般取决于怎样与家具色彩进行搭配。

1. 对比型色彩关系

　　下图中的餐边柜为黑色，花器、像框、杯子（杯架）选用浅色，与装饰画是属于融合型的关系，而花则选用高纯度黄色，与装饰画乃至整个室内空间形成较强的对比。

| C84 M47 Y81 K8 |
| C19 M42 Y78 K0 |
| C78 M69 Y65 K36 |
| C12 M19 Y26 K0 |
| C4 M21 Y97 K0 |

现代轻奢住宅　　　　　常州元洲装饰 苏拓设计作品

2. 融合型色彩关系

下图中装饰柜上装饰画的金色（黄色）与花、柜门、抱枕、单人沙发为同一色系，使空间的色彩得到很好的融合，装饰画上偏蓝的灰色在瓷器、家具上得到延伸（通过提高纯度），这种将装饰画的色彩提取之后在装饰品（或其他）元素上应用的色彩搭配为融合型色彩关系。

晏梅作品

C71	C7	C62	C44	C2
M41	M26	M84	M51	M31
Y9	Y96	Y94	Y53	Y8
K0	K0	K22	K2	K0

6.4.2　饰品、花艺色彩构图

饰品与花艺有多种组合方式，掌握一些常规的色彩组合构图，在饰品、花艺的摆放过程中会起到事半功倍的作用。

1. 正三角形构图

正三角形构图给人以稳定、庄严的感觉，采用正三角形构图一般会把最重的色彩放在中间，左右力求均衡。下一页上方图中将色彩体量最重的花艺放在中间，当左边的瓷器较重时，花艺的枝条向右倾斜，以取得色彩重量的平衡感。

2. 不等边三角形构图

不等边三角形在稳定中赋予了一定的变化，在统一中又充满灵动。采用这种色彩构图时，要注意将色彩体量最大的元素放置在靠左边的位置，再配合一些中小不等的元素，以取得画面更丰富的视觉效果。下图中将色彩体量最重的花艺放置在左边，将中等体量的铁壶放置在右边，中间放置大小不一的元素，构成不等边三角形构图。

3. 均衡式构图

均衡式构图没有固定的形态，需要做到不同饰品之间高低错落、松紧有致，使这些变化的元素获得统一和谐的效果，以此求得均衡感。

视觉的均衡感示意图

6.4.3 装饰画、饰品、花艺色彩表达方式

1. 主题情景式

主题情景式的色彩表达方式，就是空间中装饰画、饰品、花艺等元素的形态与色彩都围绕一个主题展开。

下图中巨大的彩绘昆虫、水泥墙面、绿色砖墙、植物墙、花瓣形坐垫、树枝状的照明灯具、造型独特的原木餐桌椅，这些元素都属于自然的主题。另外，菜单被打印在一个具有箭头的旗帜系统上，如同乡间岔路口的路标。在这样一个色彩氛围的餐厅吃饭就像在郊外野餐一样，这正是设计师要表达的主题。

| C46 M6 Y91 K0 |
| C8 M74 Y73 K0 |
| C84 M42 Y97 K9 |
| C21 M18 Y19 K0 |
| C65 M45 Y27 K0 |

北京甜心摇滚沙拉轻食餐厅　　　　　头条事务所作品

2. 重复表达式

在下图中从墙面的图案开始到地毯、灯具、桌面的花器及盛开的水仙，都以不同的形式、不同的色彩在重复花的概念。

广州 GBD 设计机构作品

3. 画里画外式

装饰画与花艺摆件可以组成有故事的场景，给人以想象空间及良好的审美体验。下图中整个墙面上的孔雀与平案上面的孔雀摆件加上金属松树装饰品，让人联想到孔雀在自然中自由展翅的美好场景，赋予意境上的审美体验。

广州 GBD 设计机构作品

4. 堆砌式

　　将看似杂乱无章的元素与色彩堆砌在一起，实际上这些元素之间有内在或者外在的关联，使得这种"堆砌"变成一种美。下图中将瓷器、不锈钢制品、铜制品、玻璃杯、书籍等元素组合在一起，从这些元素及色彩特征不难看出设计师是想打造一个怀旧、传统的阁楼空间。

　　旧砖红 + 宝石绿 + 古铜 + 高级冷灰，这样的色彩搭配既能表现出怀旧的感情，又能传递出清晰脱俗的色彩气质。

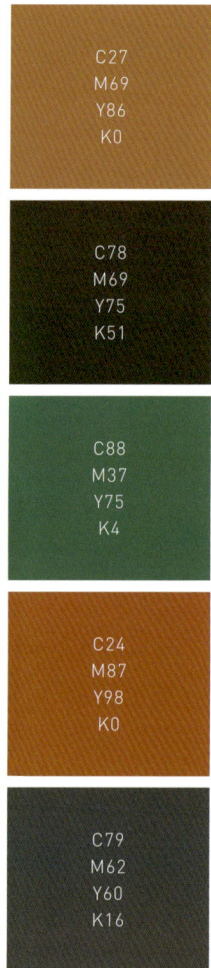

	C27 M69 Y86 K0
	C78 M69 Y75 K51
	C88 M37 Y75 K4
	C24 M87 Y98 K0
	C79 M62 Y60 K16

5. 色彩引导式

　　色彩引导式是以装饰画或墙纸（墙画）的色彩引导整个室内空间陈设的色彩。下图中墙纸的色彩包含蓝色、红色、黄色、白色，墙纸的色彩引导了整个软装陈设的色彩，红、黄、蓝色书籍，白色瓷器的色彩由墙纸的色彩提取而来，这些色彩同时在抱枕上重复。

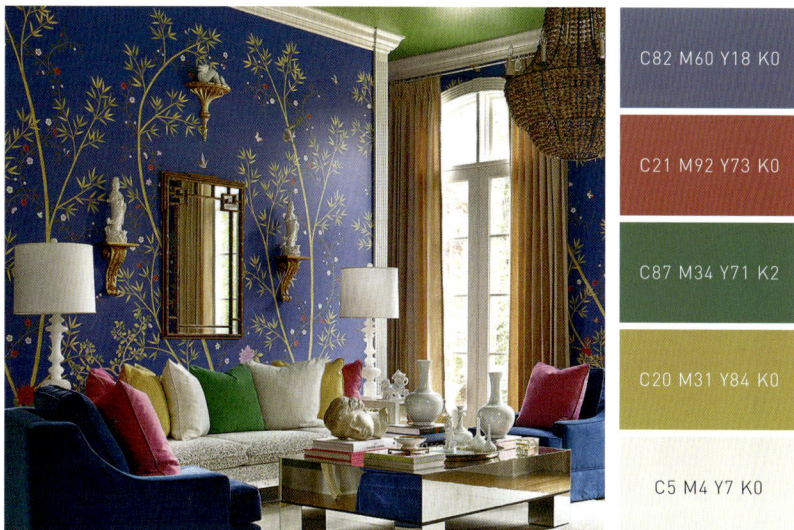

C82 M60 Y18 K0

C21 M92 Y73 K0

C87 M34 Y71 K2

C20 M31 Y84 K0

C5 M4 Y7 K0

6. 生活场景式

　　生活场景式是通过模拟真实的生活场景，将主人的生活方式融入软装当中，或者说是通过摆场去反映主人的生活方式与对色彩的喜好。通过下图中的软装陈设可以看出主人是一个追求恬淡生活，而且懂时尚、有品味的人。灰色 + 红色 + 暗矿蓝尽显时尚气息，铁丝编制的篮子放着刚读完的报纸，床头柜上放着正在阅读的杂志，一杯热气腾腾的咖啡，这一切好像正在发生，充满了生活情趣。

C62 M27 Y42 K1

C4 M95 Y97 K0

C83 M64 Y13 K0

7. 不对称平衡式

不对称平衡式的色彩搭配方法是从整个空间的色彩关系出发，让整体空间达到平衡，而不拘泥于局部对称。

下图中壁炉上面只有左边的位置摆设了装饰品，而右边没有摆放任何装饰品，按平衡的美学法则这显然是不合适的，但设计师在右边墙上搭配一幅装饰画，其色彩的纯度相对较高，结合花艺、摆件及孔雀蓝沙发，达到了空间色彩整体上平衡的美学设计。

C42 M63 Y69 K2	
C75 M29 Y34 K0	
C18 M42 Y87 K0	
C23 M81 Y99 K0	
C83 M32 Y96 K0	

6.4.4 装饰画色彩搭配

1. 有衬纸装饰画色彩搭配

装饰画通常由画框、衬纸、画心组成，装裱时要注意画框、衬纸、画心之间的色彩关系，常见的方式如下图所示。画心与衬纸的色彩在明度上要有区别，衬纸的颜色可以是白色、墙面色彩、布艺色彩或装饰画内提取的色彩。

深—浅—深　　　　　　　浅—深—浅　　　　　　　深—次深—浅（渐变）

下图所示的软装搭配方案中，配置的装饰画存在以下问题。

① 装饰画面的色彩在室内空间中没有得到呼应。

② 竖向挂画显得墙面比较空。

③ 画框显得过于古典，与现代美式风格的家具不协调。

④ 挂画的高度太低。

调整前

针对以上的问题，重新选择装饰画如下图所示。

① 选择画面为灰色的建筑装饰画，弱化原画面过于写实，与偏现代时尚风格的家具之间不协调的问题，装饰画的蓝色衬纸与沙发抱枕、茶几上的花器形成呼应关系。

② 客厅沙发上方空间尺度开阔，如果选择竖向挂画，最好采用组画的形式，以避免墙面出现单调的问题。

③ 画框选用深色直边画框，与现代美式风格的家具显得协调。

④ 缩小挂画的尺寸，提高挂画的高度，使画心中心点高度在 1600mm 左右。

调整后

2. 无衬纸装饰画色彩搭配

　　无衬纸装饰画就是在画框与画心之间没有衬纸，这种装裱形式多用于偏现代风格的装饰画中，画框通常比较细，材质有木质、金属和合成材料。

　　下图所示的软装方案中，整个空间元素显得比较时尚，当选择古典画框对装饰画进行装裱时，无论用浅色还是深色都与其他元素不和谐。当选择无衬纸细边框装裱时，装饰画与家具显得更为和谐，但注意边框的色彩不要与墙面色彩过于接近。当选择深色边框时，边框的深色使装饰画与墙面之间有了分界线，装饰画的"存在感"增强。

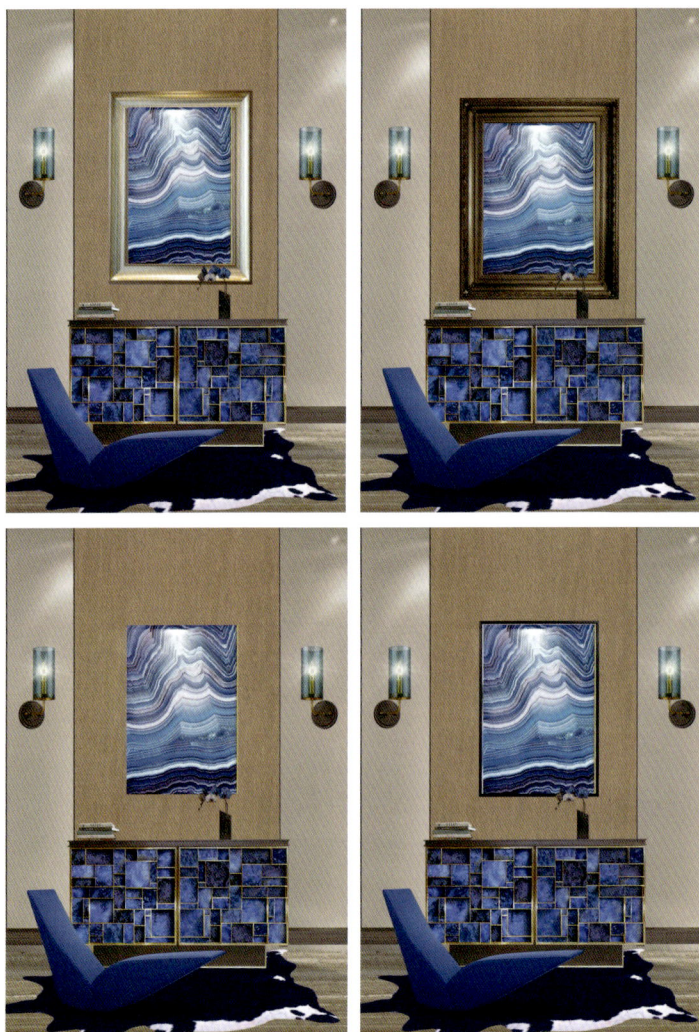

3. 装饰画风格

风格是某一软装元素在色彩、材质、形态等方面的审美倾向，风格一致的软装元素更容易取得和谐统一的搭配效果。

中国画

中国画是中国传统的绘画形式，中国画以意境悠远、水乳交融、色彩淡雅而广泛受到人们的喜爱，书法是传统文化中的瑰宝，字、画在我国文化中自古为一家，传统的中国画往往有题跋，而书法在装裱后本身也是很好的艺术装饰品。

目前中国书画采用传统的卷轴、扇面等装裱的情况比较少，现代居室中很少有完全按照传统要求作室内空间陈设的，当代中国书画普遍采用装框的形式作装裱。

下图所示的软装搭配方案中，水墨意境的地毯搭配新中式椅子，墙上选择有中式意境的装饰画，黑色直边画框与家具的深色、地毯的水墨色一致，画面的蓝色与抱枕呼应，画面的形态与灯具、抱枕抽象化后的纹样一致，与地毯在形色上都有直接和间接的呼应关系。

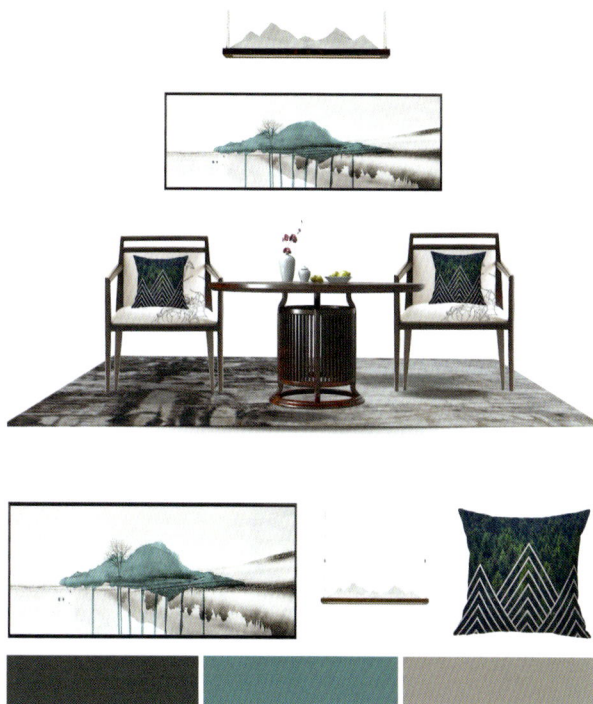

装饰画中山的形态在灯具、抱枕上以形象与抽象的方式延伸

西方传统绘画

　　西方传统绘画通常以油画颜料表现，注重写实，以透视与明暗关系还原物体的材质、色彩、光线、体积、空间等效果。在漫长的西方绘画史上涌现出众多不同画风、不同色彩倾向的绘画作品，在软装搭配时需要注意区分。

画派	历史时期	代表作品	代表画家	色彩倾向
文艺复兴	15~16世纪	《西斯廷圣母》　《草地上的圣母》	拉斐尔	
		《蒙娜丽莎》　《最后的晚餐》（局部）	达芬奇	色彩强调和谐统一
		《创世纪》（局部）　《先知撒迦利亚》	米开朗基罗	
巴洛克	17世纪	《金银花凉亭》	鲁本斯	色彩明暗对比强烈，有力量感

（续表）

画派	历史时期	代表作品	代表画家	色彩倾向
洛可可	18 世纪	《蓬巴杜侯爵夫人》	布歇	色彩柔和，喜欢用粉色
后印象派	19 世纪	《凡高自画像》	凡高	色彩干净，色相对比强烈
抽象几何画派	19~20 世纪		蒙特里安	喜欢用红、黄、蓝、黑、白等纯色，以几何图形进行表现，给人留下深刻的印象

　　下图所示为现代轻奢风格的家具，左图搭配的古典油画显得很不协调，但右图选择凡高的《星月夜》后就显得极为和谐。

现代装饰画

现代装饰画形式多样，在色彩与材质上都出现了颠覆性的变革，提供了更多的可能性，如下图所示。

喷绘　　　　　　　　装置　　　　　　　　晶瓷

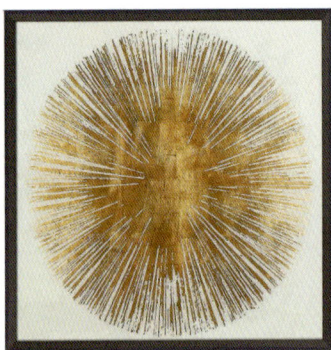

纯手绘钢化玻璃丝印 + 金箔做旧　　　　　　珠宝（琥珀画）

6.4.5　饰品色彩搭配

装饰艺术品是室内空间中必不可少的元素，当室内空间摆上精致的家具，挂上得体的装饰画，如果软装在此刻停止，就像一幅画铺设了大的色块而没有进行细节刻画一样，缺乏一些生机与趣味。家具与装饰画是面与面的关系，而装饰艺术品则完善了点与线的构成。下面左图没有添加装饰品显得单调，右图添加装饰品后空间则显得丰富饱满。

饰品的材质种类较多，虽然饰品在空间中的体量比较小，但它是空间的细节。要深入探讨饰品，其色彩和材质是分不开的。

1. 玻璃（水晶）饰品

　　玻璃（水晶）是打造现代、轻奢等风格常用的材质，因其独特的材质魅力，可以使室内空间熠熠生辉。玻璃（水晶）饰品的表现形式有摆件、花器、香熏、烛台、像框等。

　　下图所示的软装方案是以黑、白色搭配的个性化空间，彩色玻璃花器使空间显得不再那么"高冷"。

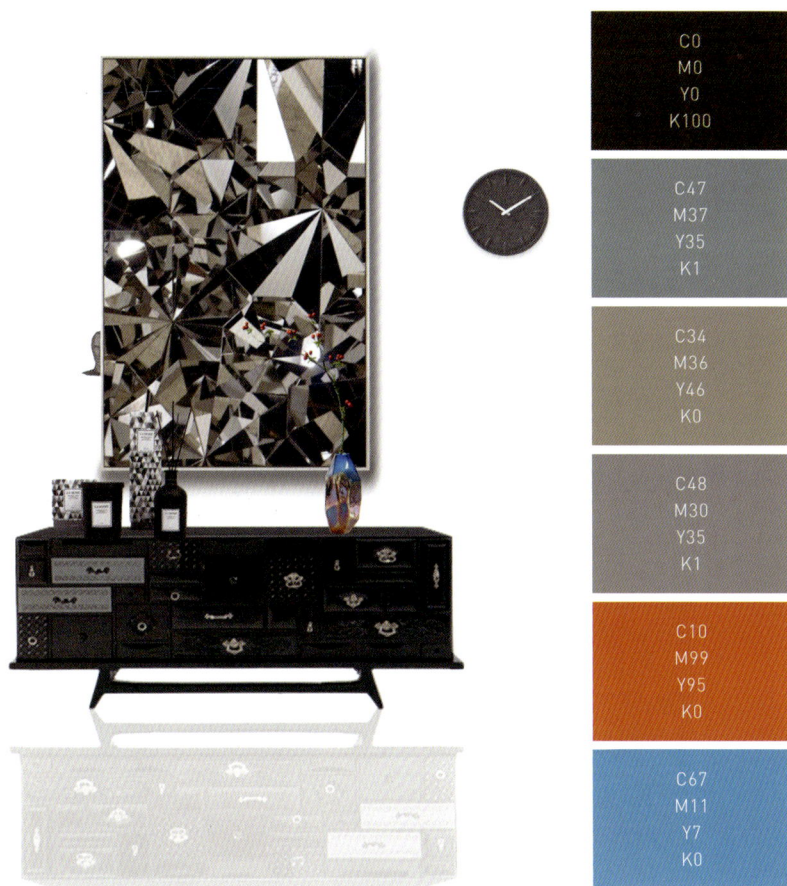

| C0 M0 Y0 K100 |
| C47 M37 Y35 K1 |
| C34 M36 Y46 K0 |
| C48 M30 Y35 K1 |
| C10 M99 Y95 K0 |
| C67 M11 Y7 K0 |

2. 金属饰品

不同金属有着自身独特的色彩，铁艺多为黑色或深褐色，铜为黄色，银为灰白色，不锈钢为亮白色。金属装饰品具有"提亮"空间的作用，从而使空间显得更精致。轻奢、现代、美式、港式等风格中会较多使用金属装饰品体现空间的精致与品质感。

铁艺　　　　　　　铜　　　　　　　合金

银　　　　　　　　　不锈钢

不同的金属质感与色彩会传递出不同的感觉，铁艺表现内敛，铜材质表现时尚精致，不锈钢材质表现明亮，银材质表现清秀，在做软装搭配时，要根据不同金属质感与色彩的属性去表现不同的空间效果。

下面左图给人自然素静的感觉，右图把壁灯和摆件换成铜材质后，空间有"亮"起来的感觉。

C61 M67 Y79 K9	C28 M23 Y25 K0	C20 M31 Y49 K0	C35 M33 Y37 K0

3. 陶瓷饰品

陶瓷是我国的国粹之一，陶瓷的历史可以追溯到新石器时期。发展到今天，传统的陶瓷工艺品被注入了许多时尚的元素。

陶瓷工艺品是陶器和瓷器两种工艺品的统称。

陶器：指用黏土烧制的器皿，质地比瓷器粗糙，通常呈黄褐色，也有涂颜色或彩色花纹的。

瓷器：是由瓷石、高岭土、石英石、莫来石等烧制而成，外表施有玻璃质釉或彩绘的器物。胎色白，具有透明或半透明性，表面质地光滑，胎体吸水率不足 1% 或不吸水。

陶器的色彩

| 青瓷 | 黑瓷 | 白瓷 | 青白瓷 |

| 红釉 | 酱釉 | 黄釉 | 绿釉 | 紫釉 |

陶瓷是茶空间必不可少的，它既是必备工具，也可以作为陈设。使用陶茶具的空间显得质朴、自然，使用瓷茶具的空间显得清幽、柔和。

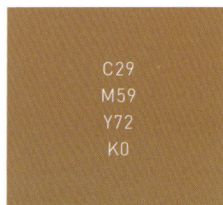

C29
M59
Y72
K0

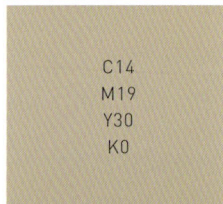

C14
M19
Y30
K0

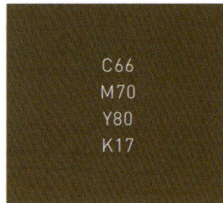

C66
M70
Y80
K17

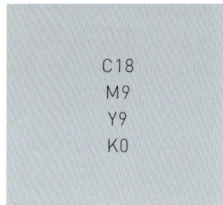

C18
M9
Y9
K0

与茶生活　品川设计（设计师：林新闻 陈龙）

陈设设计

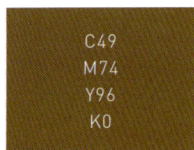

C49
M74
Y96
K0

C11
M43
Y79
K0

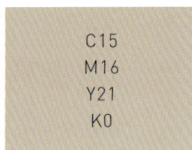

C15
M16
Y21
K0

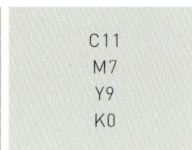

C11
M7
Y9
K0

4. 树脂饰品

树脂因其线条流畅、色彩明亮、可以模拟各种材质等特性，被广泛应用到装饰品制作中，下图所示为树脂装饰品。

6.4.6 花艺色彩搭配

花艺是软装设计中必不可少的元素，与其他元素相比，最大的不同之处是花艺本身是有生命的，人对花有一种特别的情感寄托。

在作花艺色彩搭配时，可以根据主题或季节进行调整，同时要考虑到花本身的寓意及禁忌。根据材料不同，花艺分为鲜花、永生花、仿真花。在家居空间中用鲜花的情况较多，在展示性空间中，考虑到维护周期等问题，多选用永生花与仿真花。常用花艺的色彩、材质及其搭配风格见下表。

常用花艺的色彩、材质及其搭配风格

名称	图样	材质	建议搭配风格
迎春花		鲜花	现代风格、轻奢风格、新美式风格
跳舞兰		仿真花	现代风格、轻奢风格、新美式风格
龟背竹		绿植	北欧风格

名称	图样	材质	建议搭配风格
青藤果		仿真花	现代风格
洋牡丹花		鲜花	现代风格
连翘花		仿真花	北欧风格、现代风格
洋葱花		仿真花	美式风格、现代风格
银莲花		鲜花	欧式风格
芍药花		仿真花	古典欧式风格

（续表）

名称	图样	材质	建议搭配风格
马蹄莲		鲜花	现代风格
盆栽		仿真花	中式风格
梅花		仿真花	中式风格
绣球花		仿真花	现代风格
鸡冠花		仿真花	现代风格
玫瑰		鲜花	现代风格

1. 以花艺为色彩主角的空间

在室内空间中花艺大多时候是作为点缀，但在一些特定的主题商业空间中花艺会变成主体。下图所示的餐饮空间的主题为"花前月下"，花艺成为空间中的主角。

艳粉色的花艺搭配天蓝色背景，这样的撞色应用在餐饮空间中，在夜晚从落地玻璃望进去宛如春天般绚丽，使我们很难抵挡色彩与美食的诱惑。

设计机构：杭州屹展室内设计有限公司　主设计师：肖懿展

C0 M100 Y60 K10	C75 M3 Y2 K0	C80 M65 Y24 K0	C61 M77 Y74 K9	C76 M83 Y84 K52

2. 清新淡雅的花艺色彩

下图所示为北欧风格的室内空间，整个空间色彩清新淡雅，墙面为浅豆沙色，家具以白色与原木色为主，餐桌上圆形玻璃花器插上刚从树上剪下来的花叶，白色的花与绿叶使空间散发出宁静、自然的气息，似乎能感受到它的呼吸。

瑞士自然北欧风格住宅　　　　　　　　Hövitsmansgatan 作品

C53 M76 Y69 K4	C30 M56 Y76 K0	C65 M32 Y19 K0	C12 M10 Y10 K0	C64 M26 Y100 K0

3. 隐藏色彩的花艺

下图所示为中式茶空间，空间以竹木为主要材质，原生毛竹与白水泥墙透出朴素、雅致的色彩，地面局部采用天然石材与原木地板组合，地板只打蜡不刷油漆，更显天然环保。在这样充满禅意的空间中，花艺不宜有多过的色彩。

原生毛竹纯生态住宅   九方公设建筑设计（设计总监：刘赛文）

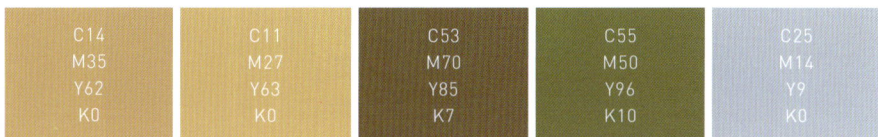

C14 M35 Y62 K0	C11 M27 Y63 K0	C53 M70 Y85 K7	C55 M50 Y96 K10	C25 M14 Y9 K0

禅意的花艺讲究线型的美感，追求意境的营造。信手拈来的枝条插在陶器中，与原木茶台、棉麻布艺、陶瓷茶具组合在一起，将禅意空间渲染得恰到好处。

6.5 生活日用品色彩搭配

软装是生活美学的核心部分，能体现主人的品味与情趣。生活日用品是室内空间中变化频率最多的元素，设计师必须要有良好的生活体验，才能用生活日用品搭配出有品味的色彩。

6.5.1 餐具色彩搭配

餐厅的视觉中心在餐桌，而餐桌的焦点在餐具，西餐厅的餐桌上通常摆放刀叉、餐垫、餐盘、餐巾、酒具、花艺等。一个家庭通常会有多套不同的餐具，在餐桌不变的情况下，餐具之间的搭配就显得非常重要。

1. 由深色到浅色渐变式餐具色彩搭配

下图所示的深色木材质餐桌的色彩搭配存在以下问题。

① 餐垫的明度与桌面的明度过于接近，这样从桌面到餐盘缺乏色彩的层次。

② 餐桌和餐巾的色彩明度与纯度接近，餐垫的蓝色边显得突兀，不能很好地体现餐具的主角地位。

调整前

针对以上问题作如下修改，结果如下图所示。

① 更换餐桌与餐具间的餐垫，提高餐垫的明度。

② 使用单一颜色的餐垫，减少突兀感，使餐具的主角地位得到很好的体现。

餐桌、餐巾、餐具形成由深到浅的色彩渐变

调整后

2. 由浅色到深色渐变式餐具色彩搭配

当桌面为浅色时，可以采用由浅色到深色的搭配方法，刀叉选择玫瑰金材质时，使用有金属边的餐盘能获得更好的搭配效果。

餐桌、餐巾、餐具形成由浅到深的色彩渐变

3. 浅深浅交替式餐具色彩搭配

当桌面与餐盘为浅色时，可以选用深色的餐垫进行搭配。

无论哪种搭配方式，都要注意餐桌、餐垫、餐盘、刀叉之间的色彩关系。下一页上方图所示的餐桌色彩搭配存在以下问题。

① 餐垫选用了大面积的暖色，与宝石绿餐巾对比过于强烈。

②不锈钢刀叉与盘边的金色缺乏呼应。

调整前

针对以上存在的问题作如下调整。

①将餐垫颜色更换为矢车菊蓝，与宝石绿餐巾颜色同为冷色系，在色相环上的位置更为接近。

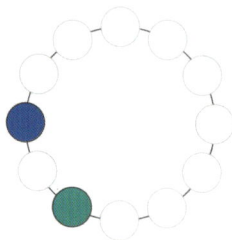

②刀叉选用玫瑰金色彩，与盘边的金色及松果装饰色彩属于同一色系，色彩显得更为协调。

调整后

6.5.2 厨卫日用品色彩搭配

在空间色彩规划中，厨卫是很容易被忽略的。合理的色彩搭配会使烹饪成为一件非常有趣的事情。

1. 厨房日用品色彩搭配

在色彩搭配中保持"大面积统一，小面积变化"这一原则，色彩搭配的效果就会既统一有序，又丰富耐看。

下图所示为某厨房色彩设计，厨房用品的色彩非常丰富，但都统一在大面积的米色墙面与橡木色橱柜中。

在暖色基础装修的厨房中，冷色餐具有调节色彩舒适度的作用

在厨房的色彩搭配中，日用品或瓜果蔬菜的冷色作用不可忽视，因为厨房在烹饪过程中往往物理温度比较高，所以在色彩搭配上需要一些冷色来降低"心理温度"。将上图的冷色餐具换成暖色餐具，空间有"热"的感觉，如下图所示。需要注意的是，如果厨房装修的基础色为冷色时，则需要搭配一些暖色日用品，以增加生活气息。

在暖色基础装修的厨房里没有冷色日用品搭配，会影响心理舒适度

2. 卫浴日用品色彩搭配

卫浴空间是一天劳作之后消除疲劳的空间，要尽可能选淡雅和弱对比的色彩。下图所示的空间除原木色之外，基本上是以黑、白、灰色彩为主。

C45 M39 Y36 K1	C14 M31 Y78 K0	C13 M46 Y76 K0	C16 M12 Y9 K0	C45 M36 Y33 K1

第7章

软装色彩搭配的灵感来源

不同的色彩组合会传递出不同的心理感受，软装设计色彩搭配有无限种可能，本章希望通过一些公式化的搭配方法让读者快速掌握室内软装色彩搭配的技巧。

7.1 从图片中获取色彩搭配灵感

色彩优美的图片本身就是非常好的色彩搭配公式，当然这个公式需要设计师用一些方法来提取。

7.1.1 从图片中提取色彩

下图所示为一组来自四川成都地区的照片，照片分别是成都著名景点宽窄巷子、青城山以及成都人日常生活中不可或缺的火锅、老茶馆。下面我们来提取其中的核心色彩。

从图片中提取的核心色彩如下图所示。

成都地域色

| C21 M19 Y20 K0 | C62 M33 Y55 K1 | C9 M100 Y96 K0 | C29 M59 Y90 K0 |

成都地域代表色

| C1 M3 Y8 K7 | C9 M3 Y94 K0 | C33 M13 Y74 K0 | C52 M24 Y31 K0 |

成都地域辅助色

7.1.2 从色彩分析到软装搭配方案的转化

设计师必须对软装方案进行整体思考，从分析空间现有色彩入手，再到对软装产品的选择，最终形成软装搭配方案。

在上一节色彩获取的基础上为下图所示的空间设计软装搭配方案。

1. 分析空间现有色彩

空间的顶面、墙面为白色，地面为米黄色，窗帘为暗金菊色。

2. 确定主题色彩软装产品

软装的主题色彩主要通过家具来体现，根据成都地域色彩分析，选择如下家具。代表成都地域色彩的木色、青砖灰色、凫绿色在家具上得到了充分体现。

因为代表火锅元素的红色家具产品本身较少，而且红色家具也容易使空间色彩显得太突兀，所以本案例的红色考虑通过如下的装饰画体现。

3. 确定辅助色彩软装产品

对于提取的成都地域辅助色，本案例通过以下产品体现。

软装搭配方案最终效果如下图所示。

☀ 提示

    软装设计方案本身就是靠图片说话，一个软装设计师通常会拥有海量的参考图片，只要平时做好分类管理，在需要的时候就能够快速高效获取。

    大家也可以通过网络搜集需要的参考图片，在搜索的时候可以通过变换关键词的方法找到需要的素材。

7.2 通过经典色块组合获取搭配灵感

    经典的色块组合本身就是色彩搭配公式，可以直接在软装案例中借鉴，这些色块组合可以通过网络搜索进行参考，或购买色彩搭配相关书籍获得。

7.2.1　解读色块组合

下图所示为轻快感觉的色彩搭配色块。

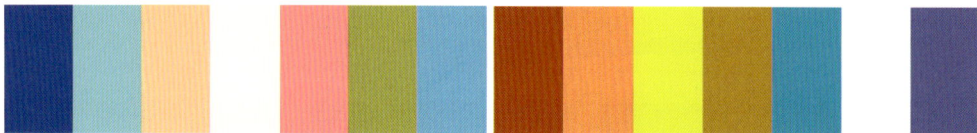

根据以上色块组合选择合适的氛围图片，注意这些图片所传递出来的感觉要与轻快感相吻合。

| C37 M0 Y11 K0 | C27 M10 Y11 K0 | C3 M33 Y13 K0 | C6 M92 Y78 K0 | C99 M22 Y93 K0 |

下图是按照轻快感觉的色块搭配的软装方案，年轻的气息扑面而来。

7.2.2 色彩搭配组合参考

下图所示为一些色彩搭配的色块组合，可以作为参考。

充满活力的色彩搭配

温暖阳光的色彩搭配

理智且充满活力的色彩搭配

理智的色彩搭配

优雅、梦幻的色彩搭配

甜美、浪漫的色彩搭配

畅快、开放（色相环三角形）的色彩搭配

内敛、统一（同一色相）的色彩搭配

华贵奢侈的色彩搭配

7.3 通过奢侈品获取色彩搭配灵感

　　奢侈品是一种超出日常生活需要范围的，具有独特、稀缺、昂贵等特点的消费品。奢侈品在产品的材质、工艺、设计（包括色彩）方面的要求都甚为苛刻，奢侈品的色彩搭配也是经过严苛的挑选与设计的。

7.3.1　常见的奢侈品品牌

　　软装设计师应该关注一些奢侈品牌，不仅可以将其作为设计的重要参考，同时也可以在软装设计过程中为客户提供参考。下表列出了一些常见的奢侈品品牌。

常见的奢侈品牌参照表

品类	品牌名称
服装	唐纳卡兰（Donna Karan），Louis Vuitton，COVHERlab，范思哲，Dior，GUCCI，瓦伦蒂诺·加拉瓦尼，PRADA，GUESS，阿玛尼
珠宝	JOLEE，卡地亚，蒂芙尼，ENZO，Oxette，宝诗龙，Bvlgari，路梦尚品，Graff，伯爵
腕表	百达翡丽，江诗丹顿，爱彼，宝玑，伯爵，卡地亚，劳力士，积家，IWC，芝柏
汽车	劳斯莱斯，迈巴赫，宾利，布加迪，法拉利，玛莎拉蒂，兰博基尼，阿斯顿·马丁，帕加尼，捷豹
化妆品	La Prairie，赫莲娜，兰蔻，海蓝之谜，阿玛尼，伊丽莎白·雅顿，雅诗兰黛，娇兰，Dior，Chanel
名笔	帕克，万宝龙，威尔·永锋，华特曼，卡地亚，犀飞利，地球牌，奥罗拉，高仕，Montegrappa
皮具	爱马仕，Louis Vuitton，Chanel，Dior，古驰，PRADA，Bottega Veneta，Burberry，芬迪，Coach

7.3.2 从 PRADA 品牌中获得色彩搭配灵感

1. 通过该品牌皮具获得色彩搭配灵感

通过 PRADA 皮具提取色彩搭配：红色 + 黑色 + 金色 + 白色。这样的色彩搭配给人以时尚、有品质的感觉。

| C99 M95 Y11 K0 | C83 M71 Y71 K81 | C9 M83 Y87 K0 | C0 M0 Y0 K0 |

下图是根据从 PRADA 提取的色彩搭配设计的软装方案，具有时尚与品质感的视觉效果。

2. 通过该品牌服装获得色彩搭配灵感

从下图所示的 PRADA 服装中提取色彩搭配：萨克斯蓝色 + 天亮蓝色 + 黛黑色 + 红色 + 白色。这样的色彩搭配给人以俊朗、冷静的感觉。

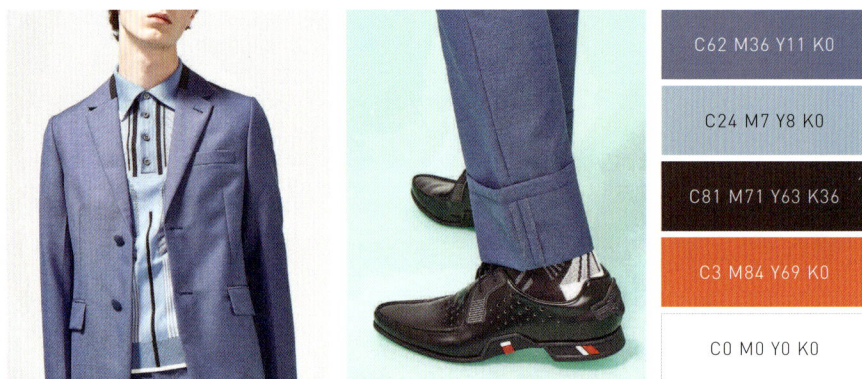

C62 M36 Y11 K0

C24 M7 Y8 K0

C81 M71 Y63 K36

C3 M84 Y69 K0

C0 M0 Y0 K0

下图是根据从 PRADA 男装提取的色彩作的软装搭配，本方案的搭配中要注意到红色与蓝色为对比色，所以将红色的面积缩小，使蓝色成为方案的支配色，这样搭配的色彩感觉与 PRADA 服装色彩搭配所传递的感觉一致。

7.3.3 从 GUCCI 品牌中获得色彩搭配灵感

1. 通过该品牌男装获得色彩搭配灵感

下图所示为 GUCCI 男士 2018 年秋冬都会正装系列，从服饰中可以提取出酒红色、普鲁士蓝、岩灰、矢车菊蓝，这样的色彩组合可以表现出绅士的气质。

	C52 M96 Y84 K10
	C89 M84 Y46 K11
	C71 M56 Y50 K5
	C49 M6 Y14 K0

下图是根据从 GUCCI 男士 2018 年秋冬都会正装系列提取的色彩作出的软装方案，表达出了绅士般的气质。

2. 通过该品牌女装获得色彩搭配灵感

下页上方图所示为 GUCCI《古墓狂欢》——在火焰中重生的 2019 早春系列时装秀。

GUCCI 艺术总监亚力山大·米歇尔（Alessandro Michele）说：阿利斯康是一座古罗马陵园，它多元而复杂，但它不仅是陵园，在 18 世纪它还成了一个人们喜欢去散步的公园。通过提取环境的色彩，我们能感受到古罗马时期古典、低调、奢华的色彩搭配风格。

C70 M81 Y85 K36	C92 M92 Y39 K7	C19 M31 Y81 K0	C5 M99 Y95 K0	C42 M81 Y7 K0	C73 M58 Y81 K0

下图所示为根据从 GUCCI 女装中提取的色块作出的软装设计方案。

7.3.4 从 PIAGET 品牌中获得色彩搭配灵感

下图所示为 PIAGET（伯爵）珠宝，提取的色彩搭配为：酒红 + 宝石绿 + 金色。

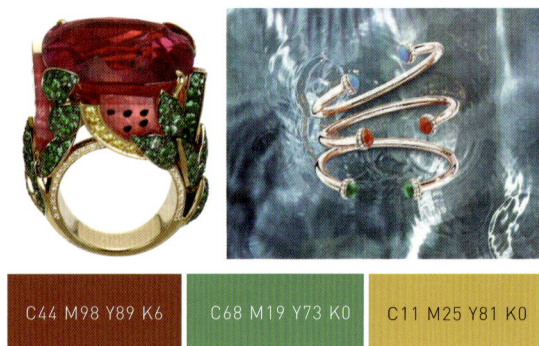

C44 M98 Y89 K6	C68 M19 Y73 K0	C11 M25 Y81 K0

下图所示为根据从 PIAGET（伯爵）珠宝提取的色彩作出的软装设计方案。

7.4 通过优秀设计作品获取色彩搭配思路

优秀设计作品无论是色彩搭配，还是软装元素搭配、摆场等，都是经过精心设计，并有一定水准的，通过分析其色彩搭配，可以获取色彩搭配思路。

7.4.1 张清平作品色彩分析

张清平是台湾地区的著名设计师，天坊室内计划创始人、总设计师。张清平坚持将本土化特色融入设计中，主张古代智慧现代化，西方设计中国化，将西方丰富的建筑经验、深厚的空间素养与古典元素结合东方当代设计，开创了不一样的新奢华——Montage（蒙太奇）美学风格。

下图所示为张清平先生室内设计作品，通过作品可以看到，色彩搭配没有使用高纯度色彩，人们身临其境会感受到安静舒适。从中我们可以提炼出"厚重的安静"这个色彩搭配的概念。

汕尾保利金町湾会所　　　　　　　张清平作品

汕尾保利金町湾会所   张清平作品

C54	C50	C85	C13	C14
M89	M65	M74	M18	M12
Y92	Y85	Y71	Y22	Y15
K11	K4	K81	K0	K0

　　从大师作品中提取出以上色彩搭配公式，再将这样的色彩还原到软装方案中，得到的色彩搭配如下图所示。

7.4.2 罗玉洪作品色彩分析

罗玉洪是重庆设计界实力派室内设计师和软装设计师，其设计作品斩获各类大奖。

下图所示的室内设计与软装设计是罗玉洪先生的作品《无界道》，在这个混合了设计、咖啡与茶的经营空间里，设计师推出了空间"无界道"理念，让办公无间、经营无间、消费无间融合在一起。

设计中材料采用了环保的竹、（旧）木、（废）砖、水泥墙和钢材的结合，还原了建筑本身的魅力，打造出一个生态、自然、环保、绿色、健康的空间，回归大自然最本真的色彩，置身于这样的空间中有让人涤去凡尘的感觉。

无界道   罗玉洪作品

C20 M57 Y96 K0	C13 M41 Y95 K0	C17 M15 Y9 K5	C59 M45 Y45 K0	C60 M53 Y93 K16

从罗玉洪先生的作品中提取色彩搭配公式，再将这样的色彩还原到软装方案中，得到的色彩搭配如下图所示。

7.5 软装全案及色彩搭配思路揭秘

软装的色彩搭配不是凭空想出来的，好的色彩搭配除了美感之外，要更能体现空间的风格、地域风貌、人文特征等。这里我们通过对罗玉洪先生的全案设计作品《宿境》的解读，以期对读者的软装设计、色彩搭配有所启示。

该项目改造之前是重庆市黑山谷鱼子岗景区的一间普通民房，共两层楼，因地理位置极佳，当地政府决定将其打造成为景区特色民宿。

周边的环境为原生态农田。

设计师认为民宿不仅仅是提供住宿的地方，同时也应该让游客得到更好的休闲体验。在这里可以品茶、喝咖啡、享美食、娱乐，也可以发呆吹风，这是一个能令人身心放松的地方。

设计师在保护原生态的前提下，作了整体的景观规划，使民房的品质得到了升华。整个建筑由绿化带环绕，将山泉水引入，对建筑形成环绕之势，在建筑物前聚集形成跌级水景，在水景上设架观景台。在整个格局上完全符合中国传统的择地文化，形成前有照、后有靠，后高前低，左高右低，有曲水环绕的格局，从文化感受到视觉效果都达到了极佳的状态。

建筑与室内皆秉承了生态设计与自然环保的理念，保护性地进行改建，一树一花都依然在它们原来的位置。因地名有鱼，取鱼水相融之意，故设计中形成叠水贯穿建筑内外，并呼应枯山水手法。传统文化的五行中水生木，整个建筑中，亦结合旧木、原石及留白手法进行营造。

罗玉洪作品

罗玉洪作品

为了更好地融入环境，色彩以白色、青灰色、浅咖色、原木色、绿色为主。

C6 M4 Y2 K0

C35 M21 Y18 K0

C55 M86 Y96 K14

C7 M18 Y39 K0

C69 M39 Y74 K3

在软装方案设计阶段，设计师提出生态、自然、环保的设计理念，与色彩高度统一。

在材质的使用上，设计师就地取材，使用当地拆迁的红砖、屋梁木材和山中的青石切片，将这些材料用到室内空间的各个界面中，既达到生态、环保、省料的效果，又能保留原建筑的味道。

生态·自然·环保

一层平面布置图

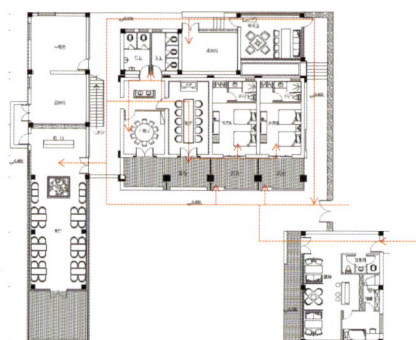

一层接待室兼具接待、休息、品茶的功能，色彩与建筑物保持一致，材质上使用原木、竹篾、绵麻等。

娱乐室

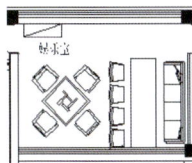

为了布置一层客房与餐厅的陈设，设计师还远行东北各地，选用农村拆迁的老榆木制作家具，榆木的凹凸纹理细腻精致中又带有沧桑感，配上各地收集而来的老雕花、铁铸台灯、马灯、竹编、石磨子、根雕等，每一物，每一角，都沉淀着岁月的记忆，并在这里得到新生。

一层餐厅和客房的色彩印象

一层餐厅

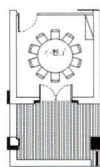

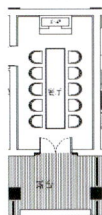

一层餐厅

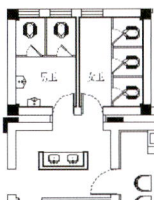

一层卫生间

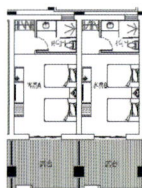
一层客房

一层露台

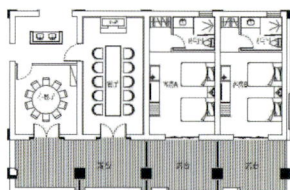

二楼由两间客房、一间套房和一个水景大露台组成，空间动线布局流畅合理。二楼的房间在保持自然、质朴风格的同时，对细节进行了"雕琢"，使房间具有星级酒店的品质与舒适感。

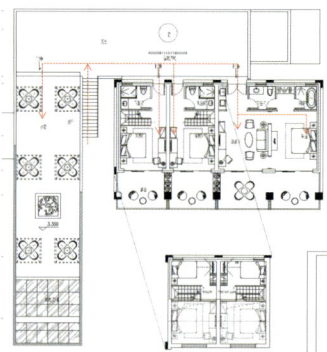

空间色彩上保持原木色与白色为主，布艺用青蓝色作局部色彩调节，形成冷色对比，使温馨的空间中有清凉的感觉。

二楼客房的色彩印象

客房阳台

客房卫生间

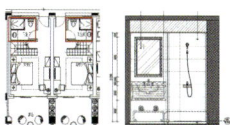

二层套房

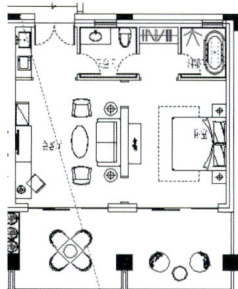

　　该民宿套房强调色彩与材质的高度统一，家具大多选用原木材质，色彩也保留原木自然的色彩，其他诸如灯具、陈设摆件也选用一些老木料来制作，以彰显其岁月的痕迹。软装方案中，装饰画选用接近水墨色彩的画面，衬托出空间清静、自然的感觉。

　　设计师在摆件选择上非常注重其承载的文化内涵，从如下的方案中能够看出软装产品中很多与鱼有关的元素，这与该民宿所处的"鱼子岗"产生了某种精神层面的对话与共鸣，同时鱼与水的共生关系又与景观中的水体以及传统文化中八卦的坎卦产生关联，使软装与传统文化有了很好的衔接。

二楼套房色彩印象

二层套房

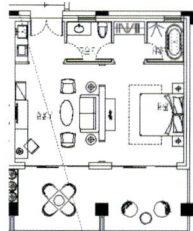

套房卫生间

二层露台

二层套房

庭院中水生植物枝繁叶茂，缓慢流过的清水使身处其中的人能感受到时间流逝，柔软的沙子由原生态木桩围合，青石水缸中的莲花色彩渲染得十分娇艳，门前的栓马桩诉说着该民宿的前世今生，而那辆由设计师远赴山东淘得的古时马车有着讲不完的故事，一切在《宿境》中表现得刚刚好。

下图为软装摆场完成后的照片。

【图编】棕者民居客栈均方案反初设计

【图编】棕者民居客栈均方案反初设计

数艺设教程分享

本书由数艺设出品，"数艺设"社区平台（www.shuyishe.com）为您提供后续服务。

"数艺设"社区平台，为艺术设计从业者提供专业的教育产品。

与我们联系

我们的联系邮箱是 szys@ptpress.com.cn。如果您对本书有任何疑问或建议，请您发邮件给我们，并请在邮件标题中注明本书书名及 ISBN，以便我们更高效地做出反馈。

如果您有兴趣出版图书、录制教学课程，或者参与技术审校等工作，可以发邮件给我们；有意出版图书的作者也可以到"数艺设"社区平台在线投稿（直接访问 www.shuyishe.com 即可）。如果学校、培训机构或企业想批量购买本书或数艺设出版的其他图书，也可以发邮件联系我们。

如果您在网上发现针对数艺设出品图书的各种形式的盗版行为，包括对图书全部或部分内容的非授权传播，请您将怀疑有侵权行为的链接通过邮件发给我们。您的这一举动是对作者权益的保护，也是我们持续为您提供有价值的内容的动力之源。

关于数艺设

人民邮电出版社有限公司旗下品牌"数艺设"，专注于专业艺术设计类图书出版，为艺术设计从业者提供专业的图书、U 书、课程等教育产品。出版领域涉及平面、三维、影视、摄影与后期等数字艺术门类，字体设计、品牌设计、色彩设计等设计理论与应用门类，UI 设计、电商设计、新媒体设计、游戏设计、交互设计、原型设计等互联网设计门类,环艺设计手绘、插画设计手绘、工业设计手绘等设计手绘门类。更多服务请访问"数艺设"社区平台 www.shuyishe.com。我们将提供及时、准确、专业的学习服务。